KB082895

친절한

과학사전

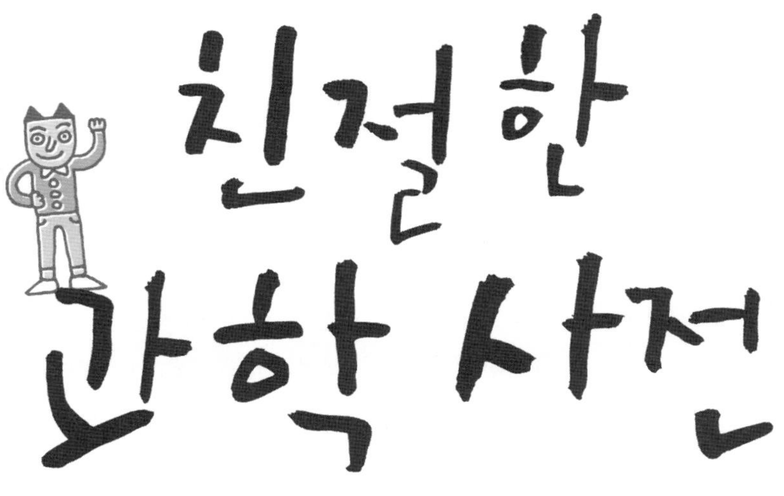

북카라반
CARAVAN

"

화학 사전 만들기, 중학생부터 고등학생까지 쉽게 이해할 수 있는 수준으로……. 처음 이 제안을 받았을 땐 어렵지 않겠다는 생각이었습니다.

지금까지 수년간 학생들에게 과학(화학)을 가르쳐왔고, 아이들과의 화학 용어에 대한 흔한 문답을 통해 간명하게 정리해온 개념이 꽤 쌓여온 터여서 선뜻 응낙을 했습니다. 화학 교사로서 뜻 깊은 일이란 생각이 들기도 했습니다.

하지만 막상 시작하니 쉽지 않았고, 생각보다 많은 시간과 고민이 필요했습니다.

시중에 나와 있는 화학 사전을 있는 대로 찾아서 보았지만 종류도 많지 않았고, 사전마다 특장점이 있는 대신에 아쉬운 점도 적잖았습니다.

화학 용어 사전은 개념 정리 위주의 사전이 몇 가지 있었고, 어떤 것은 실용 화학의 정보까지 연결시켜 고등학생 수준을 훌쩍 넘었습니다.

관련 자료를 탐색하다 보니, "중·고등학생들이 화학 공부를 하다가 궁금해서 찾아보았을 때 '아하' 하면서 유용하게 사용될 화학 사전을 만들어보자"는 출판사의 제안이 깊게 이해되었습니다.

"친절한 과학 사전"이 표방하는 말 그대로 책 속에서만 읽히는 화학이 아닌, 우리 현대 사회에서 화학이 우리 생활 속에 깊숙이 들어와 영향을 미치고 있고, 화학을 연구하는 사람들이 꾸준히 많아져야 한다는 것도 깨달을 수 있기를 바란 부분도 있습니다.

머리말

이 화학 사전에서 원소에 대한 설명 중 개념 이후 보다 확장된 관심을 갖도록 '생각거리'로 제시한 내용의 일부입니다.

> 새로 발견된 원소는 어떻게 이름을 정할까요?
>
> IUPAC(국제순수 · 응용화학연맹)은 원소를 발견하고 이를 공식 원소로 인정하기 위한 과학적 검토가 완성되기까지는 원자번호의 3자리 숫자를 라틴어(알파벳)의 첫 글자로 나타내고, 이름 끝에 '-ium(이윰)'을 붙이는 임시 이름과 3글자로 된 임시 원소기호를 사용하도록 공식화했다.
>
> 국제적으로 통용되는 공식 이름은 IUPAC과 IUPAP(국제순수 · 응용물리학연맹)에서 인정받은 연구진의 제안에 따라 결정된다. 113번, 115번, 117번, 118번 원소들의 정식 이름을 IUPAC에서 2016년 11월 28일에 정하여 발표했는데, 그중 113번 니호늄(Nh) 원소는 일본의 RIKEN(이화학연구소)이 발견했다고 IUPAC이 인정함에 따라 일본이 원소명을 명명하게 된 것이다. 12월 30일 IUPAC의 결정에 따라 주기율표는 빈 칸 없이 꽉 차게 되었다.

이와 같이 이 사전은 개념 정의부터 우리 생활 속의 화학에서부터 현대 최근 화학의 동향까지 알아보는 안내자 역할까지 아주 친절하게 함께 나아가는 사전이 되고자 했습니다.

지은이 이종단

친절한
과학사전
—
화학

contents

가수분해

정의 가수분해(加水分解, hydrolysis)는 화학 반응 중에서 물 분자가 작용하여 일어나는 분해 반응이다. 수용액 중에서 물에 의한 분해 반응으로 분자가 몇 개의 이온이나 작은 크기의 분자로 분해되는 반응을 말한다.

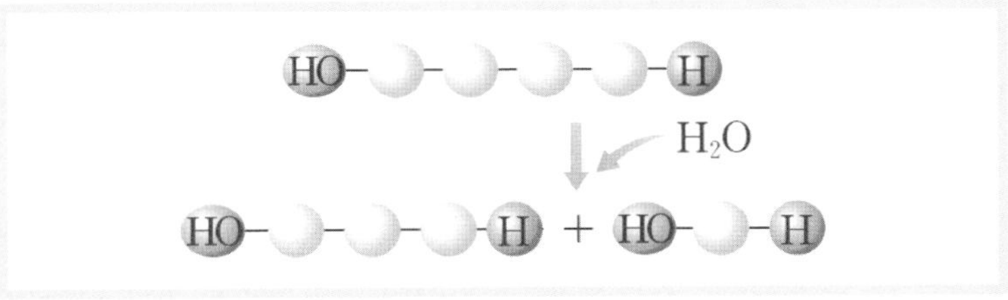

가수분해 반응의 예는 산과 염기가 반응하여 생성되는 이온 화합물인 금속염이 물과 반응하여 수용액의 성질이 산성 또는 염기성이 되는 반응이 있다. 그 밖에 사람의 소화기내에서 음식이 소화되는 과정

이나 비누를 만드는 에스터(ester)의 분해 반응 등도 대표적인 가수분해다.

해설 가수분해 반응은 물이 있는 상태, 즉 수용액에서 분해 반응이 일어나는 현상이다.

수용액에서 용매인 물이 분해될 수도 있고, 용질의 성분이 분해되기도 한다.

고등학교 교육과정의 대부분의 교과서에는 염의 가수분해와 생활 속에서 사용하는 비누가 만들어지는 반응을 통해 설명되곤 한다.

염의 가수분해는 염의 수용액에서 염을 구성하는 이온이 물과 반응하여 하이드로늄 이온(H_3O^+)이나 수산화 이온(OH^-)을 생기게 하는 반응이다.

염화암모늄(NH_4Cl) 염을 예로 들어보자.

염화암모늄은 산이 아닌데 물에 녹으면 수용액을 산성이 되게 한다. 이를 설명할 수 있는 원리가 가수분해 반응이다.

염화암모늄은 강산인 염산(HCl)과 약염기인 암모니아 수용액(수산화암모늄, NH_4OH)의 중화 반응에 의해 생성되는 염으로,

[중화 반응] $\underset{\text{강산}}{HCl(aq)} + \underset{\text{약염기}}{NH_4OH(aq)} \Rightarrow \underset{\text{물}}{H_2O(l)} + \underset{\text{염}}{NH_4Cl(aq)}$

물속, 즉 수용액에서 이온화되는데,

[이온화 과정] $NH_4Cl(aq) \underset{\text{수용액}}{\Rightarrow} NH_4^+(aq) + Cl^-(aq)$

이때 중화 반응에 참여했던 약염기인 NH_4OH에서 떨어져 나온 이온

을 짝 이온이라 하며, 이 약염기의 짝 이온 암모늄 이온(NH_4^+)은 물보다 강한 산으로 작용한다. 그래서 물속에서 물 분자에 수소 이온(H^+)을 주는 산으로 작용하면서 하이드로늄 이온(H_3O^+)을 생성시키고, 그러면 수용액은 산성을 나타내게 된다.

[가수분해 반응] $NH_4^+(aq) + H_2O(l) \rightleftarrows NH_3(aq) + H_3O^+(aq)$

그러나 수용액 속에 있는 또 다른 이온인 염화 이온(Cl^-)은 강산인 염산(HCl)에서 떨어져 나온 짝 이온으로, 약염기로 작용하기 때문에 물속에서 물보다 강한 염기성의 성질을 나타낼 수 없다. 물과 반응하여 분해 반응을 일으키지 못한다.

염이 가수분해에 반응하는 원리는 수용액에서 산과 염기로 작용하는 이온 및 물질이 반응하는 상대 물질의 종류에 따라 산과 염기의 상대적 세기의 차이가 있기 때문이다.

가수분해를 할 수 있는 염의 종류는 강산과 약염기 또는 약산과 강염기의 중화 반응으로 생성되는 것들이다. 염의 성분 중 약산이나 약염기의 짝 이온은 물속에서 강한 염기나 강한 산으로 작용하기 때문에 물의 수소 이온(H^+)을 뺏거나 주는 반응을 일으키는 것이다.

그러나 강산과 강염기의 중화 반응으로 생성되는 염은 가수 분해 반응을 하지 않는다. 이유는 강산과 강염기의 중화 반응으로 생기는 염은 수용액에서 이온화되면 강산의 짝염기인 음이온은 물보다 약염기이고, 강염기의 양이온인 짝산은 물보다 약산으로 작용하여 수용액에서 H^+을 주거나 받을 수 없기 때문이다.

생.각.거.리.

물을 넣을 때 분해 반응이 일어나는 것

1. 비누화 반응

비누의 원료인 지방은 화합물 중 에스터 물질이다. 에스터에 물을 넣어 반응을 시키면 에스터 결합이 끊어지고 알코올과 카복시산이 생성된다. 이 반응에 강염기를 넣으면 카복시산염이 생기는데 이것이 비누고, 이 반응을 비누화 반응이라 한다.
에스터 가수분해 반응은 카복시산과 알코올의 탈수 반응으로 에스터의 합성 반응인 에스터화 반응의 역반응이다.

$$\mathrm{R{-}C({=}O){-}OH + H{-}O{-}R'} \underset{\text{가수분해}}{\overset{\text{에스테르화 반응}}{\rightleftarrows}} \mathrm{R{-}C({=}O){-}O{-}R' + H_2O}$$

탈수축합반응

2. 소화 효소에 의한 영양소의 가수분해 반응

탄수화물, 단백질, 지방 등은 각 영양소의 소화 효소들에 의해 분해되어 체내에서 흡수할 수 있는 최소 단위로 분해된다. 이 소화 과정이 화학적으로 가수분해 반응이 일어나는 것으로, 이때 작용하는 소화 효소를 가수분해 효소라고도 한다. 다음은 단백질과 지방의 가수분해 과정의 화학 반응식이다.

$$\mathrm{R{-}CH(NH_2){-}CO \cdot NH{-}CH(COOH){-}R' + H_2O} \xrightarrow{\text{가수분해}} \mathrm{R{-}CH(NH_2){-}COOH + HNH{-}CH(COOH){-}R'}$$

단백질 아미노산

$$
\begin{array}{l}
CH_2-O-\overset{\overset{O}{\|}}{C}(CH_2)_nCH_3 \\
| \\
CH-O-\overset{\overset{O}{\|}}{C}(CH_2)_nCH_3 + 3H_2O \xrightarrow[\text{효소}]{\text{지방 가수분해}} \begin{array}{l} CH_2OH \\ | \\ CHOH \\ | \\ CH_2OH \end{array} + 3CH_3(CH_2)_nCOOH \\
| \\
CH_2-O-\overset{\overset{O}{\|}}{C}(CH_2)_nCH_3
\end{array}
$$

트리글리세리드 글리세롤 지방산

3. 암석의 풍화

단단한 바위도 오랜 세월이 지나면 부스러져 자갈이 되고 모래가 되고 흙이 된다. 냇가나 바닷가의 그 많은 자갈 모래가 다 바위가 부스러져 흘러내린 것이다. 이것은 다 풍화작용 때문에 생기는 일이다.

암석의 틈에서 물이 얼었다 녹았다 하면서 부피 변화에 의한 물리적인 힘이 작용하기도 하지만 화학적으로 가수분해 반응에 따라 풍화가 일어난다. 화성암이나 변성암은 약 85%가 장석으로 이루어진 규산염광물로 비바람에 풍화되면 초미세 입자인 점토광물로 된다. 이때 풍화를 주도하는 화학 작용이 가수분해다.

4. 효심이 찾아낸 가수분해 반응

인류 최초의 합성 의약품은 1828년에 버드나무에서 추출한 살리실산으로 만든 해열 · 진통제인 아스피린이다.

서기전부터 버드나무 껍질 성분이 해열, 진통, 소염 효과를 가지고 있다는 사실은 서양 의학의 아버지라 불리는 히포크라테스 시대는 물론 서기전 1550년의 파피루스 기록에도 남아 있다.

버드나무와 조팝나무에서 추출되는 살리실산이 해열 · 진통 · 소염 작용을 하는 물질이다. 추출된 살리실산은 류머티즘 환자의 치료제로 쓰였으나 맛이 너무 쓰고 역하여 먹기가 매우 어렵다고 한다. 독일의 화학자 펠릭스 호프만(Felix Hoffmann, 1868~1946)은 아버지가 류머티즘 치료제로 복용하는 살리실산을 좀 더 먹기 쉬운 형태로 만들기 위해 연구하다가 아스피린을 만들었다는 것은 잘 알려진 에피소드다.

살리실산에 식초의 주성분인 아세트산을 합성시켜 아세틸살리실산(또는 살리실산에틸)인 아스피린을 만들 수 있다. 아스피린은 시판했던 약 이름이고, 아스피린의 화학명은 아세틸살리실산(또는 살리실산에틸)인데 아세틸(Acetyl)과 조팝나무의 학명 'Spiraea'의 앞부분을 따서 아스피린이라고 불렀다. 이렇게 해서 최초의 실용적인 합성 약품이 탄생했다. 이 아세틸살리실산(또는 살리실산에틸)인 아스피린을 먹으면 몸 안에서 가수분해 반응이 일어나 살리실산과 아세트산으로 되고, 이때 생성된 살리실산이 해열·진통 작용을 하게 되는 것이다.

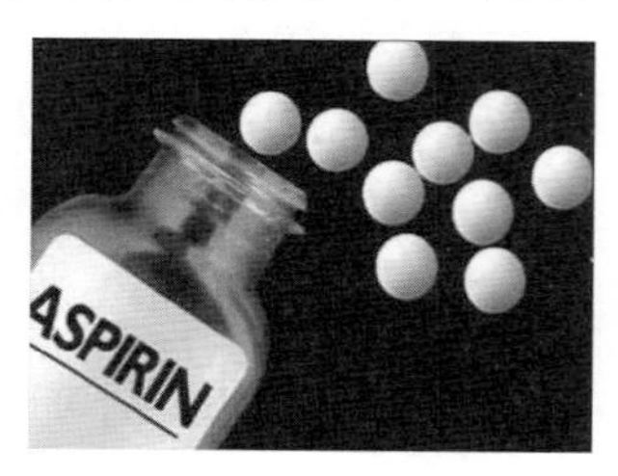

$OCOCH_3$, COOH (아세틸살리실산) —가수분해→ COOH, OH (살리실산) + CH_3COOH (아세트산)

아세틸살리실산 살리실산 아세트산

5. 바르는 진통제 물파스

물파스는 살리실산에 메탄올을 반응시켜 합성한 살리실산메틸이라는 화합물을 포함하는 피부에 바르는 약품이다. 성분 중 살리실산메틸은 살리실산에틸처럼 진통·해열 및 소화 작용을 하는 물질로 파스 또는 연고 형태로 피부를 통해 체내에 흡수시킨다. 살리실산메틸은 주로 음료, 과자, 아이스크림 등의 식품이나 치약의 향료로도 사용되나 단기간이라도 섭취하면 이명(귀 울림), 구토, 현기증, 시각장애, 경련 등의 부작용이 있을 수 있으며, 장기간 섭취하면 발진, 간의 이상을 유발할 수 있는 독성 물질로 알려져 있다. 피부에 발랐을 때는 살리실산메틸이 분해되어 살리실산과 메탄올이 생기는데, 메탄올은 휘발되어 날아가고, 살리실산이 피부를 통해 흡수되어 약효를 나타낸다. 그러나 살리실산메틸을 먹었을 때는 몸 안에서 살리실산과 메탄올이 생기는 가수분해 반응이 일어난다. 이때 생긴 메탄올은 간에서 산화되어 독성이 매우 강한 포름알데히드로 변하여 신경계에 영향을 미치는 매우 유해한 물질이다. 이런 이유로 먹으면 안 되고 바르는 방법으로 사용하는 것이다.

가역 반응

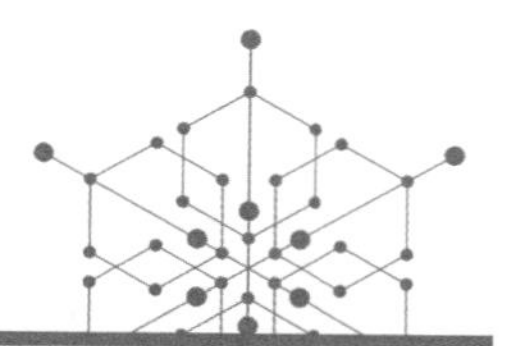

정의 반응물이 생성물로 변하는 반응을 정반응(正反應, forward reaction)이라 하며, 이 생성물이 다시 반응물로 되는 반응을 역반응(逆反應, reverse reaction)이라 한다. 물질이 어떤 온도, 압력 조건에 따라 정반응과 역반응이 모두 일어날 수 있는 반응을 가역반응(reversible reaction, 可逆反應)이라 한다.

해설 모든 화학 반응은 엄밀히 말하면 모두 가역반응인데 반응이 끝난 것처럼 관찰되는 시점은 정반응의 속도와 역반응의 속도가 같아진 때이고, 이 시점을 화학평형상태라 한다. 이때 반응의 종류에 따라 정반응이 매우 많이 일어난 시점에서 화학평형이 일어나면 겉보기에는 정반응만 일어난 것처럼 관찰되는데 이러한 반응을 비가역반응(非可逆反應, irreversible reaction)이라 한다.
가역반응의 예로 에스터화 반응과 에스터의 가수분해 반응은 서로 반대 방향의 반응이다. 카복시산과 알코올을 혼합하여 촉매와 가열

등 적절한 조건에서 반응시키면 에스터가 생성되는 정반응이 일어나며, 이때 생성된 에스터는 물과 반응하여 원래 성분인 카복시산과 알코올로 변하는 역반응이 일어난다.

$$\underset{\text{카복시산}}{RCOOH} + \underset{\text{알코올}}{R'OH} \underset{\text{가수분해}}{\overset{\text{에스터화}}{\rightleftharpoons}} \underset{\text{에스터}}{RCOOR'} + \underset{\text{물}}{H_2O}$$

이 반응이 일어나는 어떤 온도와 압력 등의 조건에 따라 정반응이 많이 일어난 상태에서 정반응 속도와 역반응 속도가 같아져 화학평형상태가 되면 반응물이 생성물로 변하는 정반응이 일어나는 것으로 관찰된다. 하지만 이때 실제 반응계 속에서 정반응도 일어나고 역반응도 일어나고 있기 때문에 반응물과 생성물이 함께 존재한다. 이를 화학 반응식으로 나타낼 때는 반응물과 생성물 사이에 '$\rightleftharpoons$' 기호를 써서 나타낸다.

우리 생활에서 흔히 접하는 에스터는 과일이나 꽃 향이 나는 방향제, 향수, 식품첨가물 등이다. 이 에스터(ester)에 물을 섞고 반응을 돕는 촉매를 넣고 가열하면 카복시산과 알코올 종류로 분해되는 반응이 일어나는데 이때 생성된 카복시산과 알코올은 다시 반응하여 원래의 에스터로 되는 반응이 진행되는 가역반응이 일어난다.

사과 향을 내는 에스터는 아세트산에틸이며 화학식은 $CH_3COOC_2H_5$이다.

이 아세트산에틸은 식초의 주성분인 아세트산과 술의 주성분인 에탄올을 반응 물질로 혼합한 후 촉매 역할을 하는 산을 넣고 가열하는 반응으로 생성된다. 이때 생성된 아세트산에틸은 다시 분해되어 원래의 아세트산과 에탄올로 변하는 역반응이 일어나는 가역반응이 진행되어 일정 시간이 지나면서 반응이 끝난 것처럼 관찰되는 평형상태가 된다.

화학 반응식을 나타내면 다음과 같다.

$$CH_3COOH + C_2H_5OH \underset{\text{가수분해}}{\overset{\text{에스터화}}{\rightleftharpoons}} CH_3COOC_2H_5 + H_2O$$

아세트산 에틸알코올 아세트산에틸 물

생.각.거.리.

석회암 동굴에서의 가역반응

탄산칼슘이 주성분인 석회암으로 이루어진 땅속으로 지하수가 흐르고, 지하수가 흐르면서 공기 중의 이산화탄소가 녹는다. 이때 석회암, 즉 탄산칼슘은 순수한 물에는 잘 녹지 않지만 이산화탄소가 녹아 있는 물에는 잘 녹아 탄산수소칼슘이 된다.

오랜 세월에 걸쳐 석회암 틈으로 이산화탄소가 녹은 지하수가 흐르면서 석회암을 녹이면 석회암 지하 내부에 공간이 생겨 동굴이 되는데 이것이 석회 동굴이다.

석회 동굴 내부에는 고드름처럼 천정에 매달려 있는 구조물을 볼 수 있는데 이를 종유석(鐘乳石)이라 한다. 또한 종유석 아래 부분에는 대부분 바닥에서 위로 새싹처럼 솟아 올라오는 구조물이 있는데 이 모습이 새싹이 올라오는 모습과 비슷하여 이를 석순(石筍)이라 한다. 석회암 동굴이 만들어지는 과정과 종유석과 석순이 만들어지는 과정은 서로 가역반응 관계다.

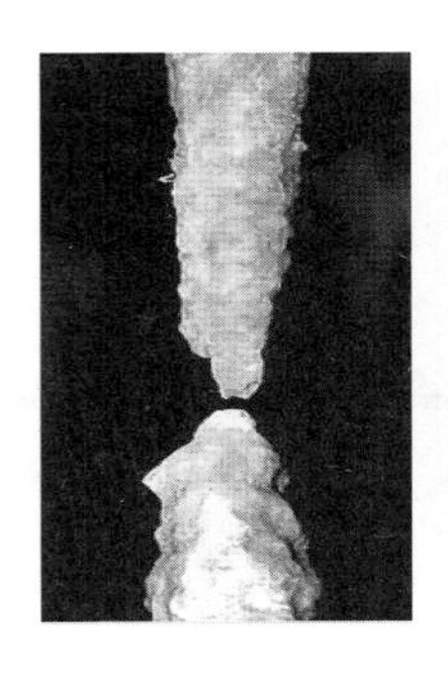

■ 석회암 동굴이 만들어지는 과정의 화학 반응식

$$CaCO_3(s) + CO_2(g) + H_2O(l) \rightarrow Ca(HCO_3)_2(aq)$$

■ 석회암 동굴에서 관찰되는 종유석과 석순이 생성되는 과정

석회암이 녹은 용액인 탄산수소칼슘 용액이 동굴의 천장에서 떨어질 때 이산화탄소와 수분이 증발되어 공기 중으로 날아가면 고체 상태인 탄산칼슘이 남는다. 이것이 천장에 붙어 조금씩 커져 내려오면서 만들어지는 것이 종유석이고, 이것이 바닥으로 떨어져 쌓이면 석순이다. 종유석과 석순이 길어져 서로 맞붙으면 석주(石柱)가 된다.

$$Ca(HCO_3)_2(aq) \rightarrow CaCO_3(s) + CO_2(g) + H_2O(l)$$

■ 석회암 동굴에서의 가역 반응

석회암 동굴 생성 과정과 동굴 내부의 구조물인 종유석과 석순의 생성 과정은 서로 가역 반응 관계다. 화학 반응식은 다음과 같다.

$$CaCO_3(s) + CO_2(g) + H_2O(l) \rightleftarrows Ca(HCO_3)_2(aq)$$

감광성 유리

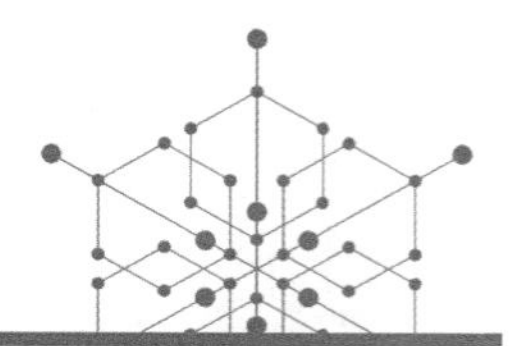

정의 감광성 유리(感光性 琉璃, photosensitive glass)는 빛에 따라 특성이 나타나는 물질이 섞인 유리로, 빛을 쪼였을 때 특정 색깔을 나타내거나 빛과의 상호작용으로 결정화 등을 일으킨다.

해설 열을 가하여 녹인 유리에 금, 은, 구리 등과 같은 금속 이온을 넣어 약 0.01~0.05% 정도의 농도가 되도록 만든 액체 유리는 무색이지만, 빛을 쪼이고 열을 가하면 금속 이온이 환원되어 금속 콜로이드가 된다. 이때 금속 성분이 유리 전체에 퍼져 석출되면 특정 색깔을 띠는 색유리가 된다. 유리 색깔은 금속의 종류에 따라 붉은 계열, 푸른 계열(금 또는 구리가 섞인 경우), 노란 계열(은이 섞인 경우)로 나타난다. 이렇게 만들어진 유리는 색깔이 변하지 않는다. 일반 투명유리에 색깔을 칠한 착색유리와는 성질이 다르다.
색유리 중에서 빛에 따라 색깔이 변하는 유리는 포토크로믹 유리

(photochromic glass)라 한다. 빛을 쪼이거나 빛을 차단하는 과정을 통해 염화은(AgCl)을 비롯한 은 할로젠화물(AgX: X = Cl, Br, I)의 콜로이드를 생성시키거나 없애는 과정으로 착색시키거나 퇴색할 수 있는 유리로, 선글라스와 건축용 유리로 많이 활용된다.

정보 저장 매체의 재료 및 전자 사진 감광체 등으로 사용되는 유리도 있다. 빛을 쪼여주는 것을 조절할 때 유리 상태와 결정 상태가 서로 변화되는 성질을 이용하여 만드는 칼코겐 유리(chalcogen glass)가 있다. 칼코겐 유리는 S(황), Se(셀레늄), Te(텔루륨) 등의 원소를 한 가지 이상 포함한 물질에 저마늄(Ge), 비소(As), 안티몬(Sb) 등과 결합하여 만든다.

화학절삭용 감광성 유리는 뛰어난 미세 가공성을 살려 플라즈마 디스프레이 패널(PDP)을 비롯하여 각종 프린터의 헤드 부분의 재료 및 자기 기록 장치의 기판 재료 등으로 이용된다.

생.각.거.리.

야외에서는 선글라스, 실내에서는 평범한 안경

우리 생활에서 감광성 유리를 활용한 예로 가장 흔한 것은 안경용 유리로, 특히 햇빛을 차단하기 위한 용도로 쓰는 여러 가지 색깔의 선글라스가 대표적이다.

안경용 유리는 일반 감광성 유리로 만들기도 하지만 포토크로믹 유리(photochromic glass) 종류로 만들기도 한다.

포토크로믹 유리는 빛을 비추거나 햇빛에 나가면 색깔이 나타나고, 빛을 없애거나 다소 어두운 실내로 들어가면 원래 모양과 같이 투명하게 되는 유리로 안경에 널리 사용되고 있다.

강산

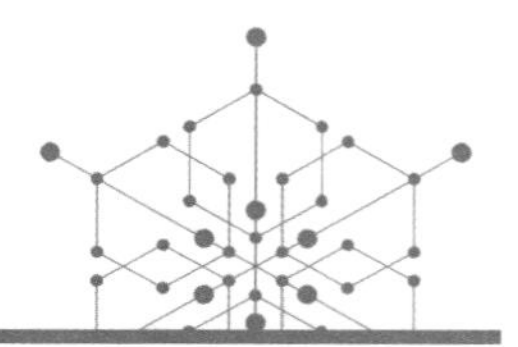

정의 강산(strong acid, 强酸)은 강한 산성의 성질을 나타내는 물질이다. 산은 수용액에서 이온화되어 수소 이온(H^+)을 내어놓아 산성의 성질을 나타내는데, 강산은 수용액에서 대부분 이온화되어 강한 산성의 성질을 나타낸다.

해설 강산은 수소 이온(양성자 = H^+)을 쉽게 내놓고, 반면에 약산은 H^+을 잘 내놓지 않는다. 산의 종류는 산의 성질을 나타내는 세기에 따라 강산(强酸)과 약산(弱酸)으로 구분한다. 산의 세기를 판단하는 방법은 금속과의 반응성 관찰, 산의 이온화도, 이온화 상수 값 측정 등으로 판단할 수 있다. 산은 종류에 관계없이 공통적으로 반응성이 큰 금속과 반응하여 수소 기체를 발생시키는데 수용액의 농도, 온도가 같은 조건에서 금속과 활발하게 반응하는 것은 강한 산성을 띤다. 금속과의 반응성의 세기는 산이 수용액에서 이온화하는 정도가 다르기 때문이므로 전기 전도도로 비교할 수도 있다.

강산은 이온화도가 거의 1에 가깝고, 약산일수록 이온화도가 작다.

| 산의 이온화도(25℃, 0.1M) |

강산	이온화도	약산	이온화도
HCl(염산)	0.94	CH_3COOH(아세트산)	0.013
H_2SO_4(황산)	0.94	H_2CO_3(탄산)	0.0017

생.각.거.리.

우리 몸속에서도 강산이 나와요!

우리 몸속의 소화기관인 위는 단백질을 소화시키기 위해 펩신과 염산을 분비한다. 염산은 위액의 주성분으로 음식물을 통해 들어온 세균 및 미생물을 파괴시키는 기능을 한다. 또한 단백질 분해 효소인 펩신을 활성화시킨다.

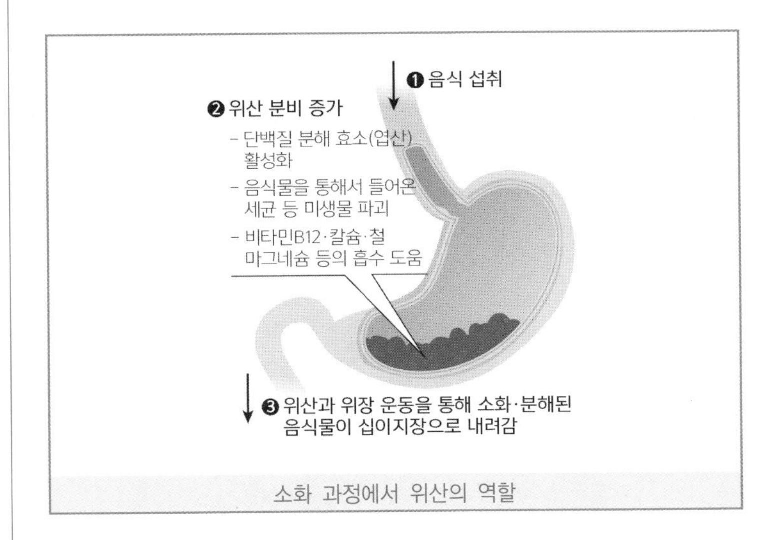

소화 과정에서 위산의 역할

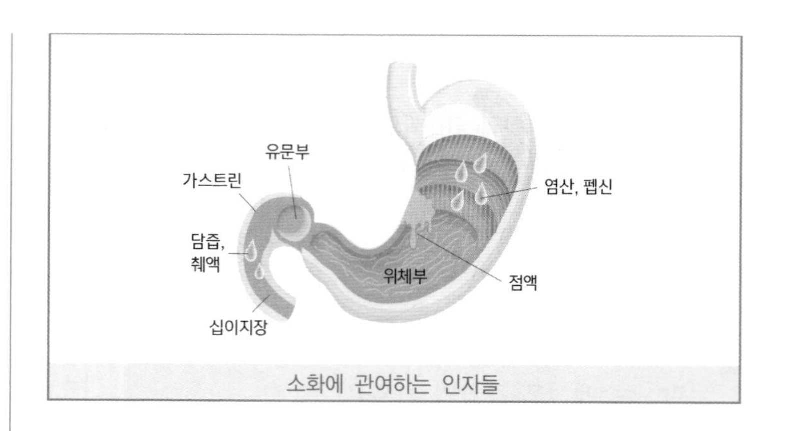

소화에 관여하는 인자들

강산인 염산(HCl)과 염화수소(HCl)의 차이

강한 산성을 띠는 대표적인 물질로 흔히 염산을 꼽는다. 염산을 화학식으로 쓰면 HCl인데, 염화수소 기체를 화학식으로 쓸 때도 마찬가지로 HCl이라 쓴다. 그러면 HCl이라 쓰는 염산과 염화수소는 어떻게 다를까?

염화수소는 수소 원자와 염소 원자가 공유결합으로 생성된 분자고, 이 분자는 상온에서 기체 상태의 물질인데 이 염화수소 기체를 물에 용해시켜 만든 수용액이 염산이다.

강염기

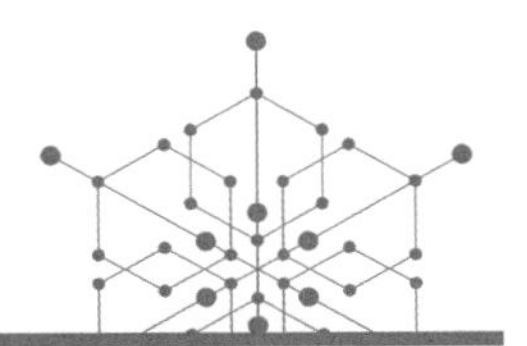

정의 강염기(强鹽基, strong base)는 강한 염기성의 성질을 나타내는 물질이다. 염기는 수용액에서 이온화되어 수산화 이온(OH^-)을 내어놓아 염기성의 성질을 나타내는데, 강염기는 수용액에서 대부분 이온화되어 강한 염기성의 성질을 나타낸다.

해설 염기의 성질을 나타내는 세기에 따라 강염기와 약염기로 구분한다. 염기의 세기를 판단하는 방법은 염기의 이온화도, 이온화 상수 값 측정 등으로 판단할 수 있다. 이온화도 및 이온화 상수가 큰 염기는 강염기이며, 강염기는 수용성으로 수용액 상태에서 이온화도가 거의 1인 염기다. 특히 물에 잘 녹는 염기를 알칼리라 한다.

염기는 종류에 관계없이 공통적으로 단백질을 녹이는 성질이 있다. 비눗물과 같은 약염기 수용액을 손가락으로 묻힌 후 비벼보면 미끈미끈한데 이는 단백질로 된 피부 각질 등이 녹아서 느껴지는 현상이다. 강염기 수용액은 강한 부식작용으로 피부를 녹여 화상을 입히므로 절대 사용하지 않도록 한다.

| 염기의 이온화도(25℃, 0.1M) |

강산	이온화도	약산	이온화도
NaOH(수산화나트륨)	0.92	NH_4OH(암모니아수)	0.013
KOH(수산화칼륨)	0.92	$Mg(OH)_2$(수산화마그네슘)	0.0017

NaOH(수산화나트륨)은 강염기로, 실험실에서는 플라스틱 병에 담아 보관하는 흰색의 고체 상태의 물질이다. 이는 공기 중에 꺼내놓으면 공기 중의 수분을 흡수하여 녹는데, 이를 조해성(潮解性, 고체가 대기 속에서 습기를 빨아들여 녹는 성질)이라 한다. 또한 수산화나트륨은 공기 중의 이산화탄소와 반응하여 흰색 가루 물질인 탄산나트륨으로 변한다. 생활 속에서 수산화나트륨은 가성소다라 불리는 물질로, 이는 기름을 이용하여 비누를 만드는 데 사용하기도 한다.

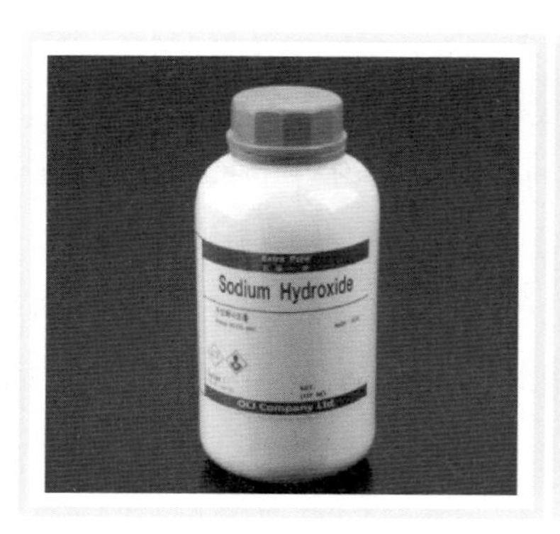

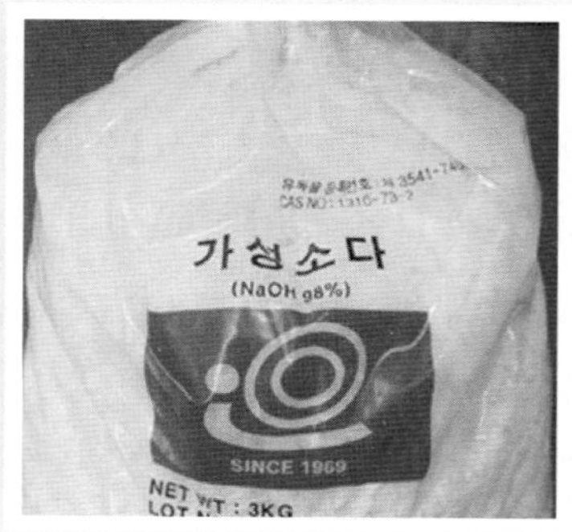

생.
각.
거.
리.

약염기로 분류되는 암모니아(NH_3)는 인체에 무해할까?

종류에 따른 성질의 차이를 알아보기 위해 염기를 강염기, 약염기로 분류한다. 약염기로 분류되는 것이라고 해서 인체에 무해하지 않다는 것에 유의해야 한다.

암모니아(NH_3)는 상온에서 무색의 자극성 강한 기체로 물에 녹은 수용액은 암모니아수 또는 수산화암모늄이라 한다. 암모니아 기체는 물에 대한 용해도가 매우 높은 편으로 시판되는 진한 암모니아수는 36% 정도다. 이 수용액은 피부 및 피부 점막 등에 직접 닿으면 부식이 일어나므로 매우 위험하다.

계면활성제

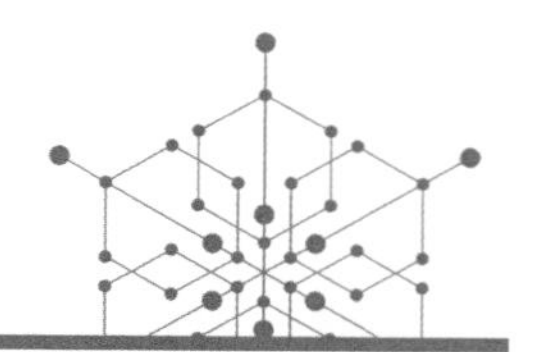

정의 계면활성제(界面活性劑, surfactant)는 성질이 다른 두 물질이 맞닿은 경계면에서 두 물질과 달라붙어 물질의 표면장력을 약하게 하여 두 물질이 잘 섞이게 하는 물질을 말한다.

계면활성제는 물과 섞이기 쉬운 친수성(親水性, hydrophilic)을 나타내는 부분과 기름과 섞이기 쉬운 친유성(親油性, lipophilic), 즉 물과 섞이기 어려운 소수성(疏水性, hydrophobic)을 나타내는 부분을 함께 지닌 화합물이다. 일반적으로 계면활성제 분자 구조의 친수성 부분을 머리, 친유성 부분을 꼬리라고 구분하여 계면활성제의 작용 및 성질을 설명한다.

물에 기름을 넣거나 기름에 물을 넣고 흔들어보면 처음엔 섞이는 것 같지만 결국은 두 액체가 섞이지 않고 서로 맞닿은 경계면을 이루며 뚜렷하게 분리되어 층을 이룬다. 그러나 여기에 계면활성제를 넣고 흔들어주면 층이 없어지고 두 액체가 섞인다.

계면활성제는 기름에 강염기를 넣어 만드는데, 기름과 염기의 종류에 따라 무수히 많은 종류의 계면활성제를 만들 수 있다.

해설 계면활성제의 영어 단어 'surfactant'는 surface(표면)+active(활성)+substance/agent(물질)의 조합이다. 계면활성제의 소수성 부분은 탄소 원자가 사슬 구조로 여러 개 연결되어 있는 구조로 비극성이고, 비극성 끝 부분에 같이 결합되어 있는 친수성 부분은 극성이다.

계면활성제는 친수성과 소수성을 이용하여 서로 다른 계면의 경계를 완화시키는 작용을 한다.

계면은 기체와 액체, 액체와 액체, 액체와 고체가 서로 맞닿아 있는 경계면을 말한다. 경계면에서 두 가지 물질은 서로 섞이지 않고 경계면을 유지하는데, 이 두 계 사이에 계면활성제를 넣어주면 계면의 경계성을 완화시켜 서로 섞일 수 있게 된다.

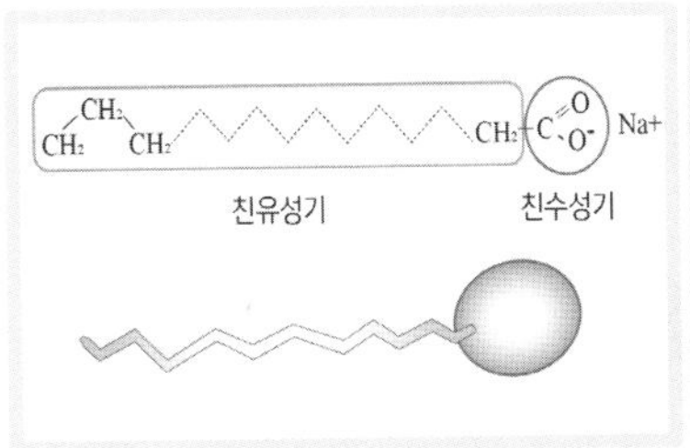

| 계면활성제 분자 구조와 비유 그림

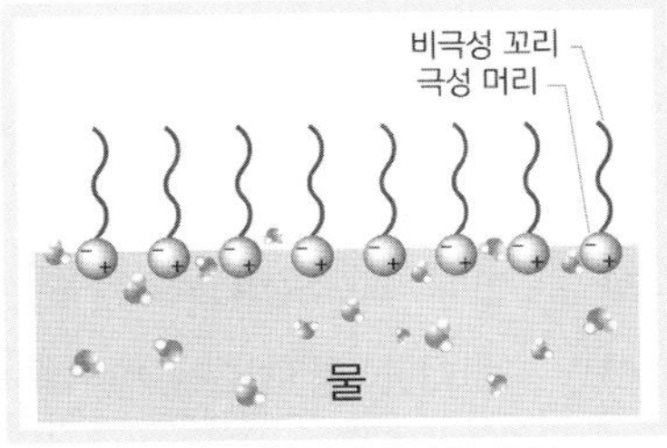

| 물 표면에 계면활성제가 섞인 모습

물은 극성 물질로 많은 종류의 물질을 녹여 용액을 만들지만 무극성이 강한 기름을 섞으면 물의 표면 장력이 커서 기름 분자가 녹아들지 못해 층을 이룬다. 극성이 있는 물 분자와 비극성(무극성) 분자인 식용유는 성질이 달라 두 액체 사이의 접촉면에서 서로 섞이지 않고

물 층과 기름 층의 경계면을 형성하여 유지한다. 그러나 계면활성제를 물에 넣으면 물과 섞이기 쉬운 머리(친수성 부분)가 물의 표면에 분포한 물 분자 사이에 섞이므로 물 분자끼리 작용하는 인력을 방해하여 물의 표면장력을 감소시켜 경계를 활성화시킨다. 계면활성제의 친수기는 물과 섞이고, 친유기(소수기)는 기름과 섞여 두 계의 표면장력이 약해지고 두 액체가 섞이는 상태가 된다. 이런 현상을 유화라 한다. 모든 화장품은 유화 과정으로 만들어진다. 유화 현상은 그 밖에도 우리 생활에서 다양하게 이용된다.

계면활성제의 종류는 친수성기의 성질에 따라 분류하는데 음이온, 양이온, 중성, 주피터이온(zwitter ionic)형 등이 있다. 물과 상호작용하는 머리 부분이 음이온(예: $-COO^-$)이면 음이온 계면활성제, 양이온(예: $[R-N(CH_3)_3]^+$)이면 양이온 계면활성제, 극성을 띠지만 전하는 중성인 그룹(예: 폴리에틸렌 옥사이드)이 붙어 있으면 중성 계면활성제, 양이온과 음이온이 모두 포함된 경우에는 주피터이온형 계면활성제라고 한다.

머리와 꼬리 부분의 특성에 따라 성질과 작용이 다른 수많은 천연 계면활성제가 있고, 화학이 발달하면서 다양한 인공 계면활성제를 합성할 수 있게 되었으며, 이의 활용은 의약품, 식품, 화장품, 세제 등 헤아릴 수 없을 정도로 광범위하다.

생. 각. 거. 리.

생활 속 계면활성제

먹을 수 있는 계면활성제

화학의 발달로 계면활성제는 우리 생활에서 광범위하게 사용되고 있지만 인류는 계면활성제가 무엇인지 알기 이전부터 천연 계면활성제를 사용해왔다. 미처 인지하지 못했을 뿐, 계면활성제는 일찍이 인류가 생활에서 사용해온 물질이다.

우리가 섭취하는 식품에도 계면활성제가 들어 있는 것이 많다. 음식을 조리하는 과정에서 계면활성제 성질을 가진 재료가 여러 가지 식재료를 잘 섞이게 하고, 유화 과정을 통해 새로운 맛을 낸다.

우유는 필수 영양소가 고루 들어 있어 완전식품이라 일컬으며 동서양에서 매우 귀한 음식으로 여겨왔다. 우유는 단백질, 지방, 각종 무기염류 등 다양한 성분이 물에 녹아 있는 혼합용액이다. 화학적으로는 에멀전(emulsion)으로 분류한다. 우유는 물과 잘 섞이지 않는 지방과 단백질 등이 레시틴이라는 천연 계면활성제의 작용으로 유화되어 물에 녹아 있는 것이다. 또한 우유는 그 자체로 섭취하기도 하지만 우유 속의 단백질, 지방 영양소를 분리시켜 치즈, 버터를 만들어 먹는데, 이것은 계면활성제인 레시틴의 유화 작용을 없애는 방법을 이용하는 것이다.

레시틴은 우리 식탁에 쉽게 자주 올라오는 계란과 콩 속에 많이 들어 있는 영양소이기도 하다. 계란과 콩 속에 들어 있는 레시틴의 계면활성 작용을 이용하는 경우를 한 가지 더 알아보자.

계란노른자와 콩기름은 서로 분자의 성질이 달라 쉽게 섞이지 않는다. 그러나 충분히 저어가며 섞어주면 계란노른자와 식용유 속의 천연 계면활성제인 레시틴의 작용으로 잘 섞여 유화되어 마요네즈가 되고 이는 오랫동안 유지될 수도 있다.

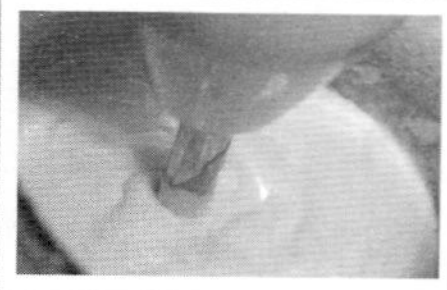
계란과 식용유를 혼합하여 마요네즈 만들기

위생을 책임지는 계면활성제

비누는 아주 오래전부터 사용해온 계면활성제다. 인류가 최초로 합성한 화합물이라 할 수 있는 비누는 인류의 위대한 발명품 가운데 하나로 꼽힌다.

200여 년 전부터 일반인들까지 널리 사용하게 된 비누는 유럽인의 평균수명을 반세기 만에 20년이나 늘린 획기적인 발명이었다. 손만 깨끗이 씻어도 감염의 50% 이상을 예방할 수 있는데, 이때 비누를 사용하면 세균을 더욱 효과적으로 말끔하게 씻어내어 감염 예방 효과를 극대화할 수 있다.

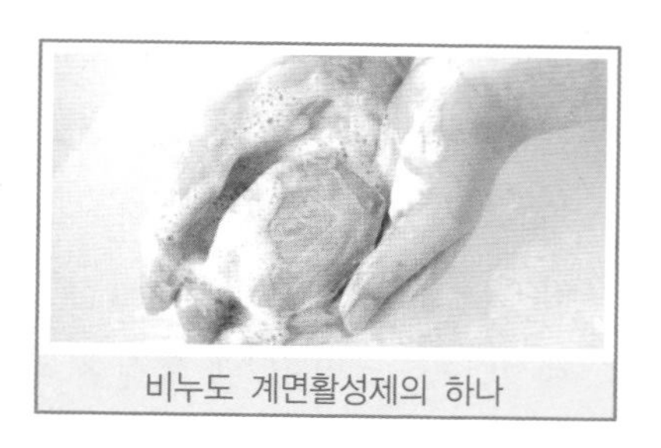
비누도 계면활성제의 하나

화학이 발달하면서 다양한 재료에서 추출한 지방산과 유지 등을 이용하여 다양한 종류의 비누를 만들어 쓸 수 있게 되었다. 비누의 형태도 고형 상태뿐 아니라 액체 상태의 물비누, 샴푸, 화장을 지우는 클렌징 로션, 클렌징 크림, 클렌징 폼 등을 개발하여 쓰고 있는데 모두 계면활성제를 이용한 비누다. 나아가 세탁비누와 합성세제 등은 모두 계면활성제의 일종으로, 물로 지워지지 않는 기름때를 빼낼 수 있게 한 것이다. 가지각색의 비누 및 세제를 이용한 세정 및 세척의 원리는 모두 같다.

고리 모양 탄화수소

정의 탄소 원자의 결합이 고리 모양의 탄소 골격을 형성하고 있는 탄화수소를 말한다.

해설 탄소 화합물 중에 탄소 원자로만 이루어진 물질을 탄화수소라고 하는데 결합한 탄소 원자가 고리 모양을 이루고 있는 분자를 고리 모양 탄화수소라 한다. 이러한 화합물을 사이클로알케인(cycloalkane)류라 하고 화합물의 공통 구조 $-CH_2-$(메틸렌기)의 고리로 일반식이 C_nH_n(n은 정수)이다. 이런 사이클로알케인은 고리 모양의 구조를 이루고 있는 탄소 원자 사이가 단일 결합으로만 이루어진 탄화수소다. 즉, 고리 모양의 포화 탄화수소를 사이클로알케인이라고 한다.

생.
각.
거.
리.

사이클로알케인은 보통 정다각형으로 표시된다. 삼각형은 사이클로프로페인, 사각형은 사이클로뷰테인, 오각형은 사이클로펜테인, 6각형은 사이클로펜테인으로 부른다. 그러나 꼭 사이클로알케인이 평면 구조를 이루고 있는 것은 아니다. 이런 사이클로알케인은 탄소 원자가 4개의 원자와 결합한 경우에는 결합각이 109.5°를 이루어 정사면체 구조를 이루어야 안정된다. 그런데 탄소 수가 3개나 4개인 사이클로프로페인과 사이클로뷰테인은 결합각이 60°, 90°에 지나지 않아 상대적으로 가까이 붙어 있어서 매우 불안정하다.

사이클로헥세인이란 것도 있는데, 이것은 사이클로알케인 중에서 가장 안정된 화합물이다. 탄소 원자 6개가 고리 모양으로 결합하여 의자 형태와 보트 형태를 이루는데, 각 탄소 원자에 대한 결합각은 109.5°가 되어 안정된 입체 구조를 갖는다. 이 가운데 의자형 구조가 원자들이 서로 엇갈려 있어서 비교적 안정되어 있다.

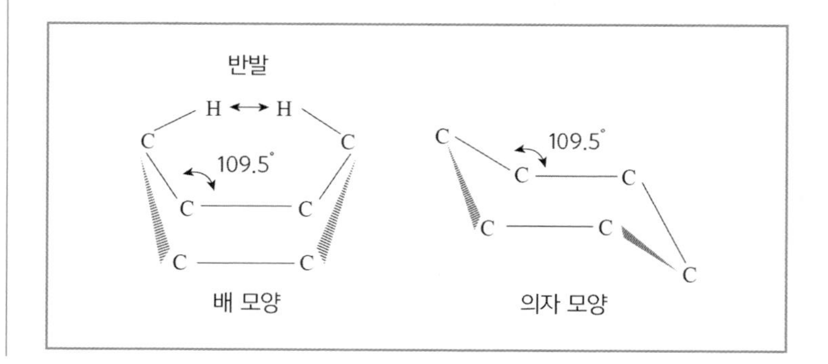

배 모양

의자 모양

공명 구조

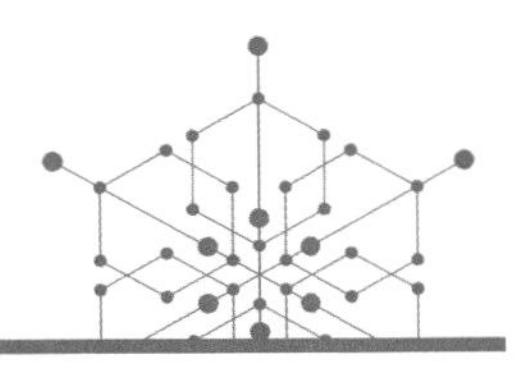

정의 공명 구조(共鳴構造, resonance structure)는 한 분자의 결합 구조가 단 하나의 구조식으로 나타나지 않고 2개 이상 구조식이 겹쳐져 나타나는 구조를 말한다.

해설 C_6H_6의 분자식을 갖는 벤젠 분자의 구조를 탄소 원자와 수소 원자의 공유 결합에 의해 나타내는 구조식을 나타내면 실제 벤젠의 구조 및 성질과는 차이가 있다.

공유 결합에 의한 분자 구조는 탄소-탄소 사이에 결합 길이가 다른 이중 결합(0.134nm)과 단일 결합(0.154 nm)이 각각 3개씩 들어 있는 ⬡ (케쿨레 구조식) 모양의 구조식으로 나타낼 수 있다. 그러나 실제 벤젠의 구조는 탄소-탄소 결합 길이가 모두 0.140 nm인 정육각평면형 구조다. 이때 탄소-탄소 결합 길이 0.140nm는 단일 결합 길이와 이중 결합 길이의 중간값이다. 이를 설명할 수 있는 방법은 단일 결합과 이중 결합의 위치가 다른 2개의 구조식 ⌬과 ⌬의 중간 상태를 취하는 것으로 설명할 수 있다. 벤젠은 2개의 구조 사이에 공명하고 있는 구조로 이를 공명이라 한다.

생.
각.
거.
리.

공명현상

진동체에 주기적으로 외부에서 힘을 가하면, 가해지는 힘의 진동수가 진동체의 고유 진동수에 가까워짐에 따라 자주 진동하게 되고, 고유 진동수와 같이 되었을 때 심하게 진동하고 진폭도 같아지는 현상이 나타나는데 이를 공명 현상이라 한다. 예를 들면 진동수가 같은 소리 두 개의 소리굽쇠를 늘어놓아 두고, 한쪽 소리굽쇠를 강하게 치면, 이 소리굽쇠에서 나온 진동이 다른 쪽 소리굽쇠에 부딪쳐 진동시키므로 다른 쪽 소리굽쇠도 울리기 시작한다. 처음의 소리굽쇠를 눌러 진동을 멈추게 해도 다른 쪽 소리굽쇠에서 진동이 계속된다. 이것은 공기를 매개로 하여 일어나는 공명 현상이다.

■ 공명 구조를 가진 '벤젠(Benzene)'

'Benzene'은 15세기부터 유럽의 약제사들에게 동남아에서 생산되는 것으로 알려진 향기 나는 수지(樹脂) 'gum benzoin'에서 유래됐다. 'benzoin'은 "자바 섬의 유향"이라는 뜻의 'luban jawi'가 와전된 것이다. benzoin으로부터 산성 물질이 승화를 통해 분리되었고, 이를 'flower of benzoin' 혹은 벤조산이라고 이름 붙였다. 벤조산으로부터 분리된 탄화수소는 이리하여 벤진(benzin), 벤졸(benzol), 벤젠(benzene)이라는 이름을 갖게 되었다.

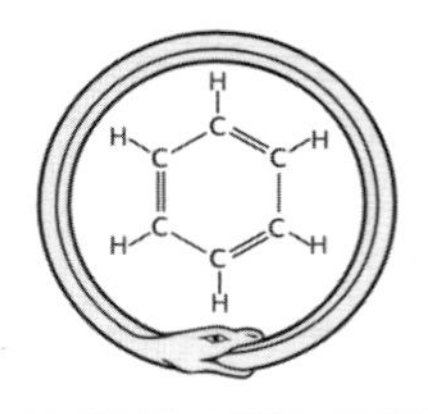

케쿨레가 꿈속에서 본, 자기 꼬리를 먹는 뱀 우로보로스와 벤젠의 구조식

■ 여러 가지 벤젠의 구조

왼쪽부터, 클라우스(1867), 듀어(1867), 라덴버그(1869), 암스트롱(1887), 디엘레(1899) 그리고 케쿨레(1865). 디엘레와 케쿨레의 구조는 현재도 흔히 사용함.

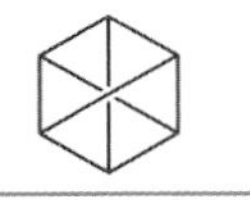 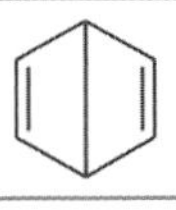  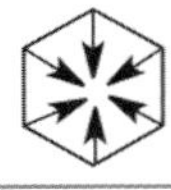 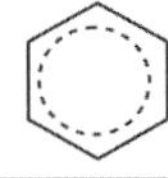 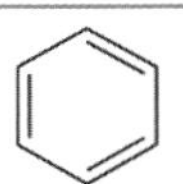

■ 벤젠의 여러 가지 구조 설명

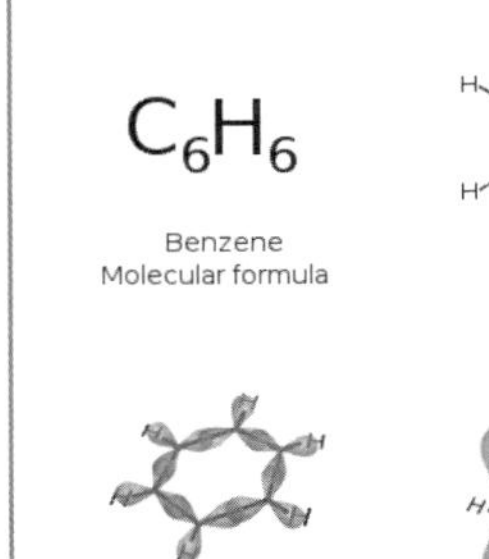

Kekulé Structures
(Isomers)

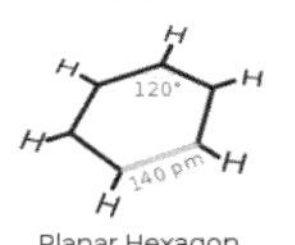

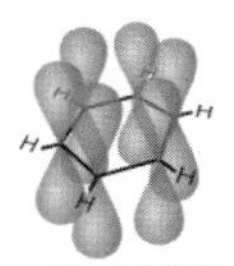

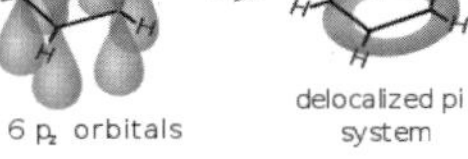

과포화 용액

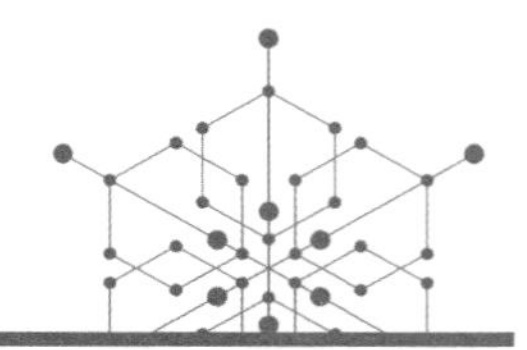

정의 과포화 용액(過飽和溶液, supersaturated solution)은 일정한 온도에서 용질이 용해도 이상으로 녹아 있는 상태의 액체다. 즉, 포화 용액보다 용질이 더 많이 녹아 있는 용액으로 불안정한 상태의 용액다.

용해도의 한도만큼 녹아 있는 용액(포화용액)을 천천히 식히거나 용매를 서서히 증발시키면 만들 수 있다.

해설 일정 온도에서 용매 일정량에 최대로 녹을 수 있는 용질의 양은 일정하다. 즉, 일정 온도에서 용매 100g에 용질을 넣어 녹일 때 최대로 녹을 수 있는 용질의 질량(g)인 용해도는 일정하다. 그런데 같은 온도에서 용해도보다 더 많은 양의 용질이 녹아 있는 용액이 만들어지기도 하는데 이렇게 만들어진 용액을 과포화 용액이라 한다.

과포화 용액을 실험실에서 쉽게 만들어보려면, 높은 온도의 포화 용액을 만든 후 온도를 서서히 낮추어 냉각시킨다. 과포화 용액은 용매와 용질이 불안정하게 섞여 있는 상태로 흔들거나 충격을 가하면 용질이 석출되고 용액은 포화 상태가 된다. 과포화 용액을 포화 용액 상태로 만들려면 용매를 더 첨가하거나 온도를 높이면 된다.

생.각.거.리.

생활 속의 과포화 용액

겨울철에 많이 쓰는 액체형 손난로는 '하이포'라고 불리는 티오황산나트륨 용액을 이용한다. 하이포는 상온에서는 물에 대한 용해도가 낮아 고체 상태로 존재하지만 높은 온도에서는 용해도가 증가하여 액체 상태의 용액이 된다. 이렇게 높은 온도에서 만들어진 하이포 용액은 그 온도에서 정상보다 훨씬 많은 양의 하이포를 녹이는데, 이렇게 포화 상태 이상으로 용질(하이포)을 녹이고 있는 상태의 용액을 '과포화 용액'이라 한다. 과포화 용액은 불안정해서 충격을 주면 얼음 얼듯이 순간적으로 결정이 생기면서 딱딱하게 변하며, 이때 저장하고 있던 열이 방출되어 따뜻하게 된다. 액체형 손난로 속에는 동전 크기의 얇은 금속을 넣어주어 필요할 때 금속을 눌러 몇 번 충격을 주면 하이포 용액이 열을 방출하면서 결정이 된다.

광발색성 유리

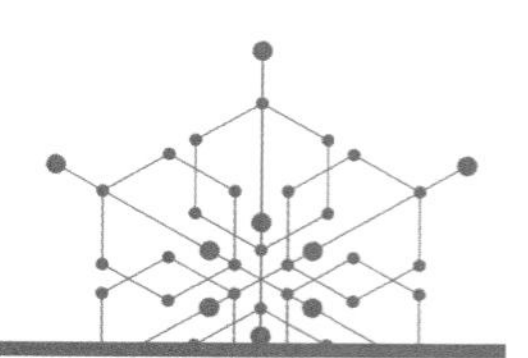

정의 광발색성 유리(光發色性琉璃, photochromic glass)는 감광성 유리의 일종으로 빛을 쬐면 어두워지고, 빛을 없애면 본래의 상태로 돌아가는 특성을 나타낸다.

건물 안처럼 빛의 양이 적은 곳에서는 거의 무색투명하여 빛이 잘 통과하고, 밖에서는 햇빛에 의해 짙은 색깔을 띠게 되어 빛을 흡수하

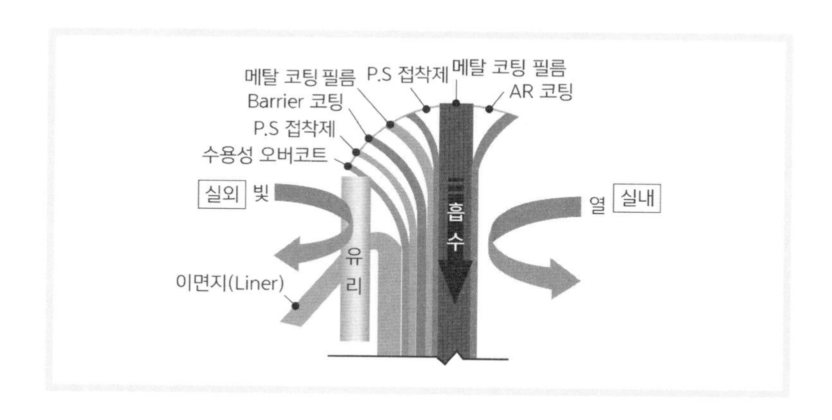

는 등, 빛의 양을 통과시키는 정도를 다르게 할 수 있는 유리다. 선글라스용 렌즈가 가장 대표적이나, 요즘에는 건물의 유리창에 이러한 유리를 많이 사용한다.

해설 일반적으로 색소 물질을 섞은 유리가 색깔을 나타내는 원리와는 다른데, 색깔이 나타나는 과정이 금, 은과 같은 전이금속 이온이나 금 · 황화카드뮴의 콜로이드 등의 결정 형성에 의해서 색변화를 일으킨다.

5% 이상의 붕소산화물(B_2O_3)을 함유하고 있는 규산염유리에 할로젠화은의 미세한 결정을 분산시켜 만든 유리는 자외선 양뿐 아니라 유리 자체의 온도 변화에 따라서도 가시광선의 투과도가 변하기도 한다. 포토크로믹 유리가 생활에서 사용되는 예시는 할로젠화은의 미립자를 함유하는 선글라스용 렌즈가 있다.

빛에 반응하는 할로젠화은을 유리 원료에 첨가하여 유리 속에 은 이온 Ag^+, 할로젠화이온 형태로 녹인 다음 약간 낮은 온도로 다시 열처리를 함으로써 10mm 정도의 미세한 할로젠화은 결정을 생성시켜 콜로이드 입자로 분산시키는 방법을 이용한다.

빛을 쪼여주면 할로젠화은의 환원 반응으로 은(Ag) 콜로이드가 생기고 이것이 빛을 흡수하기 때문에 어두운 색이 나타나고, 어두운 곳에 두면 역반응이 일어나 다시 투명한 할로젠화은 미립자가 되면서 유리도 투명해지는 것이다.

염화은 AgCl 결정 중에서는 자외선과 같은 빛에 의해 다음 반응이 일어난다.

AgCl이 녹아 있는 유리에 빛을 쪼이면,

$$\underset{(\text{투명})}{AgCl} \underset{\text{어둠}}{\overset{\text{빛}}{\rightleftarrows}} \underset{(\text{착색})}{Ag + Cl}$$

투과율 100%
(야간, 우천, 실내)

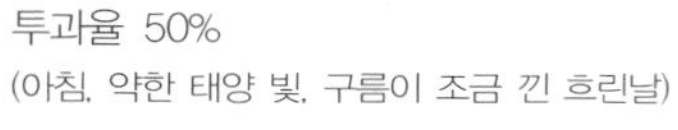

투과율 50%
(아침, 약한 태양 빛, 구름이 조금 낀 흐린날)

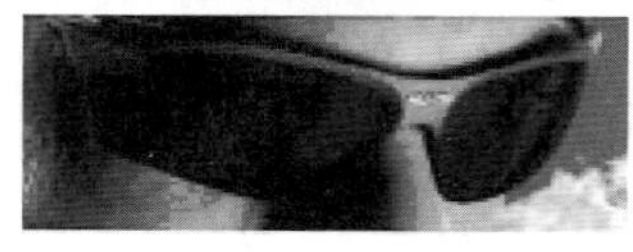

투과율 20%
(구름 없이 맑은 날, 직사광선)

이런 종류의 유리에는 고순도의 소다규산유리(Na_2nSiO_2)에 희토류 원소인 고체 금속 유로퓸(Eu)의 산화물을 함유시킨 것이 있는데, 자외선을 쬐면 1분 이내에 보라색으로 착색되고, 빛을 쪼이지 않으면 본래의 무색투명한 상태로 되돌아가는 성질이 있다.

포토크로믹 제품의 진화

포토크로믹(photochromic)은 우리말로 하면 '광변색(光變色)'이다. 빛을 쪼일 때 빛에 의하여 색이 변하고, 빛이 없는 조건에서는 원래의 색으로 돌아가는 가역작용을 의미하며, 여러 가지 용도로 사용되고 있다.

■ 스마트 윈도(smart window)

태양광의 투과도를 조절할 수 있는 스마트 윈도로 불리는 전자 커튼, 투과도 가변 유리, 조광 유리 등이 광변색 장치다.
유리를 통해 실내로 유입되는 태양광의 투과율을 조절하기 위해, 유리 조성에 착색 산화물을 첨가하여 착색유리를 만들거나, 유리 표면에 특정 투과율을 갖는 필름을 개발하여 부착하는 방식으로 사용되고 있다. 건물이나 자동차의 유리가 좋은 예다.
최근에는 에너지 절감형 스마트 윈도에 대한 관심과 부쩍 높아지고 기술도 상당히 발전했다.
현재 스마트 윈도는 광투과율과 색상 등을 인위적으로 조절할 수 있는 유리 분야의 차세대 제품으로 개발되었다. 정해진 전압의 상태에 따라 유리 전체를 빛이 투과하거나 투과하지 못하도록 하거나 또 투과량을 조정하여 명암을 다르게 할 수 있도록 구현한다. 이와 같은 스마트 윈도는 유리창 전체의 색변화 조절뿐 아니라 일부 영역만을 투명 또는 불투명하게 하는 등의 기술 발달이 이루어졌다.

■ 서모크로믹 유리(thermochromic glass)

온도에 따라 태양광의 투과율이 조절되는 유리로, 유리 용액 속에 열에 따라 달라지는 물질을 넣어 온도 변화에 따른 가역반응이 진행되어 색깔이 달라진다. 대체로 온도에 따라 화학 변화가 일어나는 고분자 물질을 혼합하여 만든다.

■ 크로믹 섬유(카멜레온 섬유)

주위의 빛의 세기, 온도, 습도 등의 환경 변화에 따라 색깔이 달라지는 섬유를 말한다. 외부 환경에 민감하게 반응하는 크로믹 재료를 섬유에 포함시켜 만든다. 크로믹 재료는 열, 빛, 압력, 전기 등의 자극에 따라 색깔이 분명하게 달라지는 유기 고분자 물질이다. 크로믹 재료(chromic plastic)가 포함된 섬유는 주어지는 조건에 따라 색소의 화학 구조가 변하면서 다른 색깔을 나타낸다. 크로믹 섬유, 서모크로믹 섬유, 솔베토크로믹 섬유 등이 있다. 최근에는 환경에 따라 색깔이 카멜레온처럼 변하는 섬유(크로믹 섬유)가 주목받고 있다. 옷 색깔이 변하는 비밀은 외부환경에 민감한 유기 색소 재료인 크로믹 고분자에 있다. 주변 온도나 빛의 세기, 습도가 달라지면 색소의 화학구조가 바뀌어 다른 색을 나타낸다. 서모크로믹 섬유는 온도가 낮아지면 색상이 어두워져 밝을 때보다 주변의 열을 많이 흡수하게 되어 몸을 따뜻하게 유지할 수 있다. 반대로 온도 높으면 색상이 밝아져 열을 반사시키고 흡수되는 것을 막는다. 이는 직물 표면에 색소와 발색제, 소색제가 든 마이크로캡슐을 붙여 만드는 기술에 의한 것이다.
서모크로믹 섬유는 등산복, 스키복, 수영복 등 과 같은 아웃도어 의류, 방한, 스포츠 의류에 응용 개발한 고기능성 섬유의 대표적인 사례다.
높은 온도에서는 녹아 있는 색소가 발색제와 결합하지 못해 색소 본래의 색을 띠고, 온도가 낮아지면 색소가 발색제와 결합하여 다른 색깔을 나타낸다.

그래핀

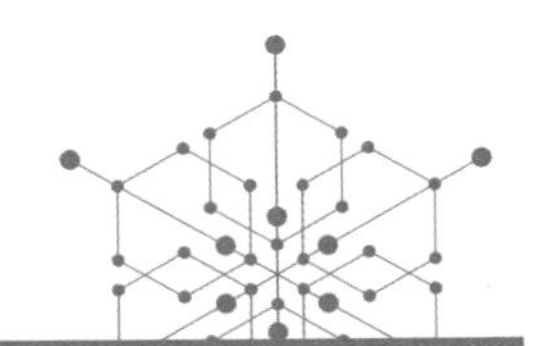

정의 그래핀(graphene)은 탄소 원자로만 이루어진 탄소 동소체다. 탄소 원자 1개 두께의 벌집 형태 구조를 가진 얇은 막으로, 나노 물질 신소재다.

해설 연필심에 사용되어 우리에게 친숙한 흑연은 탄소가 벌집 모양의 육각형 그물처럼 배열된 평면들이 여러 겹의 층으로 쌓여 있는 구조인데, 이 흑연의 한 층을 떼어낸 얇은 막을 그래핀이라 한다.

그래핀은 두께가 0.2nm(1nm은 10억 분의 1m)로 얇아서 투명성이 높고, 상온에서 구리보다 100배 많은 전류를 통하고, 실리콘보다 100배 이상 전자를 빨리 전달할 수 있다. 그뿐 아니라 열전도성이 최고라는 다이아몬드보다 2배 이상 높다. 기계적 강도도 강철의 200배나 되면서도 신축성이 좋아 늘리거나 접어도 전기전도성을 잃지 않는다. 이러한 우수한 특성 때문에 미래 기술로 각광받고 있는 전자 종이, 휘어지는 디스플레이(flexible display)와 투명 디스플레이(transparent display)는 물론 입는 컴퓨터(wearable computer)에 적용할 수 있는 전자정보 산업 분야의 신소재다.

그래핀으로 만든 사방 2cm의 투명전극: 성균관대 홍병희 교수 팀이 개발해 『네이처』지에 발표했다.

생. 각. 거. 리.

2004년 영국에서 활동한 러시아 출신의 가임(Andre Geim)과 노보셀로프(Konstantin Novoselov) 연구 팀이 상온에서 투명 테이프를 이용하여 흑연에서 그래핀을 떼어내는 데 성공했고, 2010년 노벨 물리학상을 받았다.

'graphene'은 흑연을 뜻하는 'graphite(그래파이트)'와 탄소 이중결합을 가진 분자를 뜻하는 접미사 '-ene'가 결합된 용어다. 그래핀은 탄소 나노튜브, 풀러렌(Fullerene)처럼 원자번호 6번인 탄소로만 이루어진 나노 크기의 물질로 탄소 동소체다.

그레이엄의 법칙

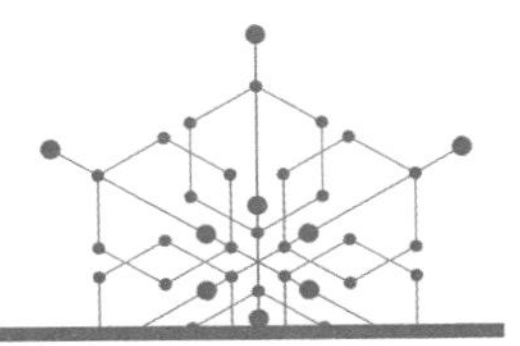

정의 그레이엄의 법칙Graham's law)은 1831년 영국의 화학자 그레이엄이 발표한 기체의 확산에 관한 법칙으로, 정확히 말하면 기체의 분출 속도에 관한 법칙이나 기체의 확산 속도를 설명할 수도 있다.

일정한 온도와 압력 상태에서 기체의 분출 속도는 그 기체 분자량의 제곱근(밀도의 제곱근)에 반비례한다는 법칙이다.

해설 그레이엄이 기체가 용기의 작은 틈으로 분출되는 속도를 측정하여 발견한 법칙으로, 그레이엄의 분출 법칙이라고 한다.

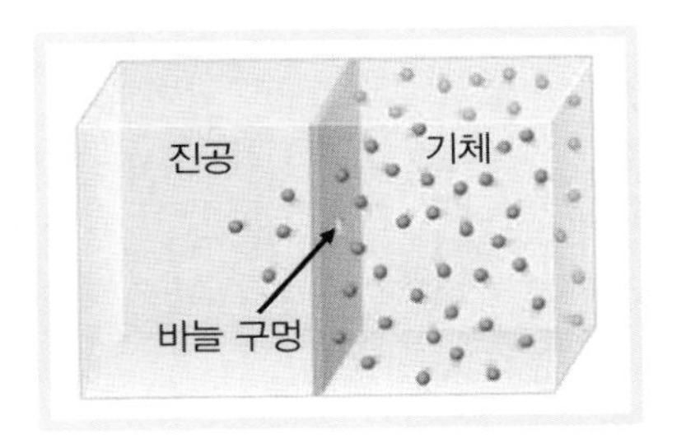

이 법칙은 "같은 온도, 같은 압력의 기체가 용기 안에서 작은 구멍을 통해 분출될 때 그 속도

는 기체 밀도의 제곱근에 반비례하고, 용기 내외의 압력차의 제곱근에 비례한다"는 것이다.

그레이엄은 "같은 온도 압력에서 기체의 분출 속도가 분자량의 제곱근에 반비례한다"는 것을 실험적으로 증명한 것이다. 또한 같은 온도, 같은 압력에서 기체의 밀도는 기체 분자량에 비례하므로 기체의 분출 속도는 밀도의 제곱근에 비례하는 형태로도 나타내고 설명할 수 있다.

$$\text{그레이엄의 법칙: } \frac{v_2}{v_1} = \sqrt{\frac{M_1}{M_2}} = \sqrt{\frac{d_1}{d_2}}$$

또한 기체의 분출 속도에 대한 결과를 이용하여 기체의 확산 현상도 설명할 수 있다. 기체의 확산은 한 기체가 다른 기체 속으로 퍼져 나가는 현상이다. 기체 분자는 빠른 속도로 운동하고 있으므로 공간으로 퍼져 나갈 수 있다. 확산 속도는 온도가 높을수록, 분자의 질량은 작을수록 빠르며, 작은 구멍을 통하여 빠져나가는 분출 속도와 같다.

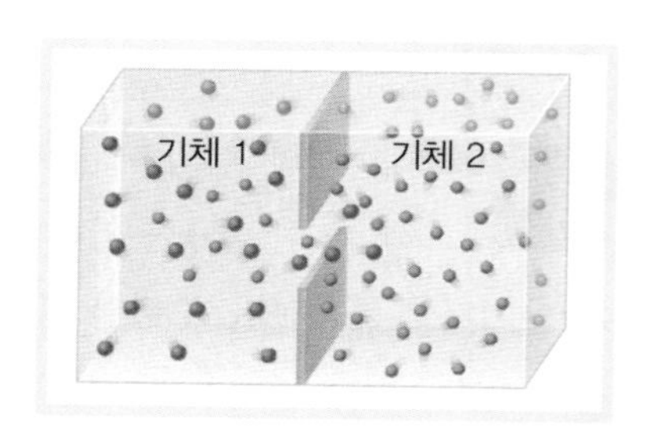

확산은 기체 분자에 의한 현상만은 아니고 물속으로 잉크가 퍼지는 것, 방 안에 향수 냄새가 퍼지는 것과 같은 현상들도 있다.
같은 종류의 물질이 분출되거나 확산될 때 온도가 높으면 높을수록 속도는 빨라진다. 기체 분자의 확산 속도는 절대온도의 제곱근에 비례한다.

생.각.거.리.

'콜로이드 화학의 아버지'

토머스 그레이엄(Thomas Graham, 1805~1869)은 집안의 반대에도 불구하고 끝내 화학자가 되어 위대한 업적을 남긴 영국의 대표적인 화학자다. 에든버러 대학과 런던의 유니버시티 칼리지 교수를 지냈으며, 이후 특이하게도 조폐국장을 역임했다.
그레이엄은 기체의 확산에 '그레이엄의 법칙'을 발견했으며, 기체가 유출되는 상대속도는 확산속도에 비례한다는 사실도 알아냈다. 또 어떤 액체를 다른 액체 속으로 확산시키는 실험을 하여 입자를 두 부류, 즉 식염(소금)처럼 확산율이 큰 결정질과 아라비아고무처럼 확산율이 낮은 콜로이드로 나누었다. 결정질에서 콜로이드를 분리해내는 투석법을 고안했으며, 액체의 확산작용이 어떤 화합물을 부분적으로 분해시킨다는 사실도 알아냈다. 그는 콜로이드 화학에서 사용하는 대부분의 용어도 만드는 등 이 분야에서 혁혁한 업적을 세움으로써 '콜로이드 화학의 아버지'로 불렸다.

끓는점 오름

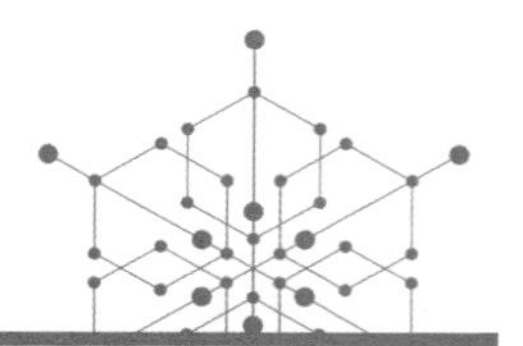

정의 용매에 용질이 녹아 있는 용액의 끓는점은 순수한 용매의 끓는점보다 높아진다. 이러한 현상을 끓는점 오름(沸騰點上昇, boiling point elevation)이라 한다.
비휘발성, 비전해질 용질을 녹여 만든 용액의 끓는점 오름 값은 용질의 종류와 관계없이 일정 질량의 용매에 녹아 있는 용질의 입자 수에 비례하여 커진다.

해설 액체 상태의 용매는 그 용매의 증기압이 외부 압력과 같을 때 끓는다. 용매에 용질을 녹여 만든 용액도 또한 그 용액 속 용매의 증기압이 외부 압력과 같을 때 끓는다. 그러나 용액의 끓는점은 순수한 용매의 끓는점보다 높다. 일정 온도에서 용액의 증기압은 용질의 방해로 인해 용매의 증기압보다 낮기 때문이다(이를 증기압력 내림이라 한다). 그러므로 용액은 순수한 용매보다 더 높은 온도로 가열할 때 비로소 증기압이 외부 압력과 같아져 끓을 수 있다.

이러한 현상을 끓는점 오름이라 한다.
이때 녹이는 용질의 양이 많으면 많을수록 용매의 증발을 더욱 방해하므로 끓이기 위한 온도는 더욱 높아야만 한다.

설탕물의 끓는점은 맹물보다 높다

우리 주위에서 가장 흔히 접할 수 있는 용액은 물에 용질을 녹인 수용액이다. 수용액의 끓는점 오름에 대해 좀 더 알아보자.
물을 가열하면 물이 증발되어 수증기가 되고, 이 수증기의 압력이 대기압과 같아질 때 물 표면의 증발뿐 아니라 물 전체에서 기화되는 현상이 일어나고, 이러한 현상을 끓음이라 한다.
대기압이 약 1기압(760mmHg)인 일상 조건에서 순수한 물의 끓는점은 약 100℃이다. 즉, 물을 가열하여 온도가 약 100℃가 되면 물이 기화되어 생긴 수증기의 압력이 대기압과 같은 약 1기압(760mmHg)이 되고, 이때 끓음 현상이 일어난다. 그래서 이때의 온도 100℃를 물의 끓는점이라 한다.
또한 설탕물을 가열할 때 비휘발성, 비전해질 성질인 설탕은 증발되지 않고 물만 증발된다. 이때 증발되는 수증기의 압력이 외부 압력, 즉 대기압력(760mmHg)과 같을 때 역시 끓는 현상이 일어나고, 이때의 온도를 설탕 용액의 끓는점이라 한다.
설탕물의 증기압은 순수한 물이 끓을 때와 마찬가지로 물이 증발되어 발생한 수증기의 압력이다. 이 수증기압이 대기압과 같아질 때 끓음 현상이 나타난다.
그러나 설탕물의 끓음 현상은 순수한 물이 끓을 때와는 달리 더 높은 온도에서 일어난다. 설탕물에서 물이 증발될 때 설탕 분자가 물의 증발을 방해하여 일정 온도에서 설탕물의 증기압력은 순수한 물보다 낮아지는 증기압력 내림 현상이 있기 때문이다. 그러므로 대기압과 같은 증기압력을 만들기 위해서는 순수한 물보다 설탕물의 온도는 더 높아야 한다.
대기압과 같은 수증기압을 생기게 하려면 순수한 용매만 있을 때보다 더 많은 열이 필요하기 때문이다.
일정 온도에서 물에 녹이는 설탕의 양이 많으면 많을수록 끓는점은 더 높아진다.

✔ 끓는점 오름이 생기게 하는 증기압력 내림

일정 온도에서 순수한 용매의 증기압력은 항상 일정한 값을 나타내고, 같은 온도에서 용매에 비휘발성 용질을 녹인 용액의 증기압은 용매의 증기압보다 낮다. 이때 낮아진 증기압의 차이를 증기압력 내림이라 한다.
이유는 용액의 표면을 차지하는 용매 분자 수가 순수한 용매일 때보다 적으므로 증발하는 용매 분자의 수가 적고, 용질 분자가 용매 분자를 잡아당겨 용매 분자의 증발을 방해하기 때문이다.

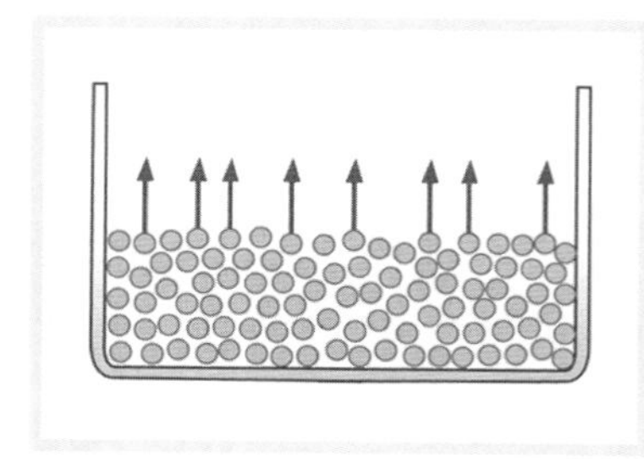

| 순수한 용매

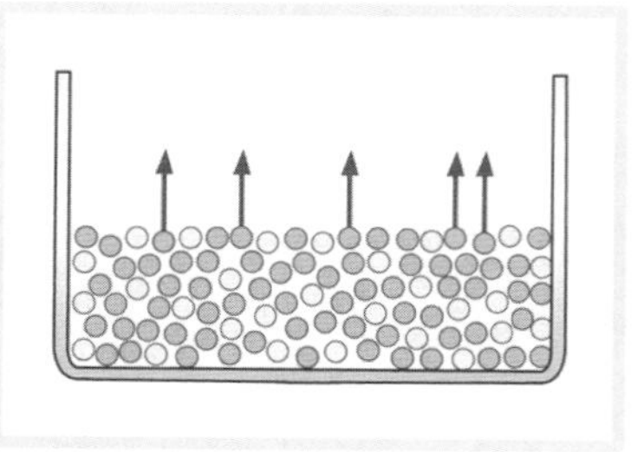

| 용질이 용매에 녹은 용액

그래프에서 온도가 T_b일 때 순수한 용매의 증기압력은 1기압으로 대기압과 같은 값이 되어 끓는 현상이 일어나고, 이때의 온도는 용매의

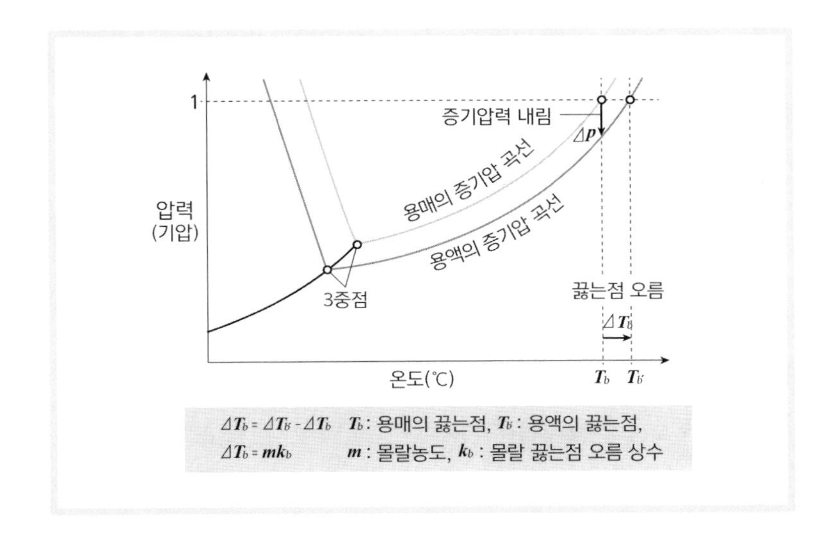

끓는점이다. 그러나 온도가 T_b일 때 용액의 증기압은 1기압보다 낮은 값이다. 용액의 증기압이 1기압이 되기 위해서는 온도를 더 높여 T'_b이 되도록 해야 함을 알 수 있다. 즉, 용액의 끓는점은 용매의 끓는점보다 더 높은 T'_b이다. 이때 용액의 끓는점(T'_b)과 용매의 끓는점(T_b)의 차이 값을 끓는점 오름(ΔT_b)이라 한다.

생. 각. 거. 리.

스프를 물과 함께 넣고 끓인 라면이 더 맛있다?

라면은 면발이 불지 않고 쫄깃한 맛이 나야 맛있다. 그러려면 높은 온도에서 빨리 익히는 것이 관건이다.

라면 물을 끓일 때 스프를 처음부터 같이 넣고 끓이면 라면이 더 맛있다고 한다. 스프를 녹인 물을 가열하여 팔팔 끓을 때의 온도가 물만 넣고 끓일 때보다 훨씬 높기 때문이다. 스프를 물에 녹이면 용액이 되고 이 수용액은 물보다 끓는점 오름이 일어나 물의 끓는점인 100℃보다 더 높은 온도에서 끓게 된다. 면을 더 높은 온도에서 끓이면 속까지 완전히 익힐 수 있고 익히는 시간도 짧아져 더 쫄깃한 맛을 즐길 수 있다.

파스타를 삶을 때도 소금을 넣고 팔팔 끓인 후 파스타를 넣으면 더욱 식감 좋은 파스타 요리가 된다는 것도 모두 이런 원리를 이용한 것이다.

우리가 일상생활에서 사용하는 용액은 대체로 용매를 물로 하는 수용액이므로 대부분의 액체 물질의 끓는점은 거의 100℃ 이상이 된다. 국이나 찌개 등은 모두 용액이므로 팔팔 끓을 때의 온도는 100℃보다 훨씬 더 높다.

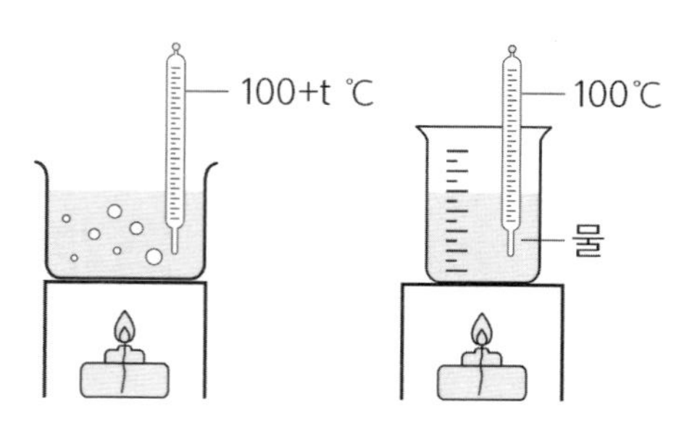

나노 기술

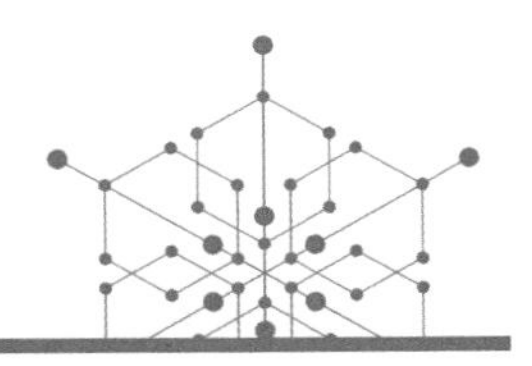

정의 나노(nano)는 '작다'는 뜻으로, 10억분의 1, 즉 10^{-9}의 크기를 의미한다. 나노 기술(nano-technology)은 10억분의 1 수준의 정밀도를 요구하는 기술을 말한다.

해설 나노 기술은 원자, 분자 및 초분자 정도의 작은 크기 단위에서 물질을 합성하고, 조립 · 제어하며 혹은 그 성질을 측정 · 규명하는 기술이다.

nano(나노)는 '난쟁이'를 뜻하는 그리스어 Nanos(나노스)에서 유래한다. 1나노미터(㎚)는 10억 분의 1m로, 사람 머리카락 굵기의 10만분의 1, 대략 원자 3~4개의 크기에 해당한다.

나노 기술의 일반화된 정의는 NNI(National Nanotechnology Initiative, 국가나노기술개발전략)의 정의로, "1~100 나노미터(nm)의 크기를 가진 물질을 다루는 기술"이다.

현재의 나노 기술은 원자 혹은 분자를 적절히 결합시켜 새로운 미세 구조를 만듦으로써 기존 물질을 변형 혹은 개조하거나 새로운 물질을 만들어내는 것을 목표로 한다.
나노 기술은 원자 혹은 분자의 단위를 다루는 것이다.
이전부터 시도되어 지금까지 연구되어온 나노 기술은 큰 덩어리를 잘게 잘라내는 방식으로 작게 깎아내어 나노 크기로 만드는 방식이다. 그런데 물질의 크기를 계속 작게 깎아나가다 보면 이전과는 전혀 다른 특성을 보이는데, 노란색 금을 계속 잘라 수십 나노미터 크기까지 자르면 빨간색으로 보인다.
물질의 크기를 아주 작게 하면 표면적이 커지면서 화학반응이 활발하게 일어나므로 이를 이용하는 분야는 매우 광범위하다. 살균력이 뛰어난 은나노 세탁기, 주름살을 없애준다는 나노 화장품, 나노 분말을 이용해 흡수 속도를 높여 약효를 증강하려는 시도도 모두 그런 원리를 이용한 것이다.
나노 기술은 의학, 전자공학, 생체재료학, 에너지 생산 및 소비자 제품처럼 광대한 적용 범위를 가진 새로운 물질과 기계를 만들 수 있는 한편으로, 나노 물질의 유독성과 나노 물질이 끼치는 환경적 영향, 나노 물질이 글로벌 경제에 미치는 잠재적인 효과뿐만 아니라 다양한 문제를 야기할 수도 있다.

생.
각.
거.
리.

생활 속 나노 기술

사극에 보면 임금이 음식을 들기 전에 내관이 은수저로 독이 있는지를 검사하거나 내의원이 은침으로 침 시술을 하는 모습이 나온다. 미국에서는 우유를 오래 보관하기 위해 그릇 속에 은화를 넣고, 이집트에서는 상처 부위에 은으로 만든 판을 감싸는 방법을 썼다고 한다.

여기에서 효과가 나타내는 부분은 매우 작은 미시 세계의 화학반응에 따른 것으로, 나노 세계의 현상이다. 나노 기술은 깊이 파고 들어가 원리를 이해하기는 어렵지만 오늘날 우리 생활 속 다양한 분야에서 당연한 듯이 널리 사용되고 있다.

1. 정보통신 분야

컴퓨터의 매우 큰 메모리 용량, 작은 크기의 USB 등은 나노 급 메모리 소자 개발이 가능했기 때문이다.

2. 은 나노 가전제품

세탁기, 에어컨, 공기청정기 등 항균 기능이 필요한 제품에 항균 기능이 있는 비싼 금속 은을 나노 크기로 얇게 코팅하여 적은 비용으로 효과적인 제품을 만들었다. 세탁기의 수돗물이 들어오는 곳에 은판을 설치하고 전극을 연결시킨 후 전기를 통해주면 은판이 전기 분해되어 은이온(Ag+)으로 빠져나가면서 항균작용을 할 수 있는 기술이 적용된 것이다.

3. 나노 기술 화장품

주름살 제거나 노화 방지 기능 화장품의 성분을 피부 세포의 간격보다 훨씬 작은 나노미터(10억분의 1m) 크기의 나노 구조 물질로 만들어 피부에 쉽게 흡수되어 몸속에 쉽게 전달되도록 한 것이다. 또한 자외선 차단제인 선크림에는 100나노미터 이하로 만든 무기물인 산화티타늄이나 산화아연 등이 들어 있어 일정 이하의 파장을 갖는 빛을 모두 흡수하거나 빛의 산란이 적어 하얀 막이 생기지 않게 하면서도 자외선 차단효과를 나타낸다.

4. 나노 복합 소재

나노미터 크기의 이산화규소 결정을 분산시킨 나노복합소재를 사용한 테니스 라켓, 탄소나노튜브를 탄소섬유에 혼합해 가벼우면서도 강한 야구방망이, 골프채 등 스포츠용품에도 나노 기술이 사용되고 있다.

5. 자연을 모방한 생체 모방 나노 기술 신소재

❶ 연잎의 표면은 나노 크기의 돌기 구조로 물방울이 구슬처럼 모여 흘러내리면서 먼지를 흡착해서 깨끗하다. 이런 연잎 구조를 자동차와 건물 표면, 안경 표면 등에 활용하여 물과 오염 물질 등이 붙지 않도록 하는 생체 모방 나노 기술이 발달했다.

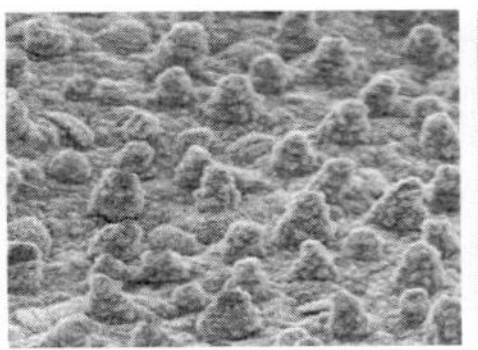
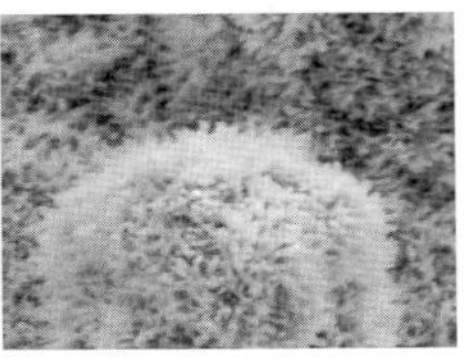

❷ 다들 면적을 최소화한 수영복을 선호할 때 이안 소프는 상어의 비늘 구조를 응용하여 만든 전신수영복을 입고 2000년 시드니 올림픽에서 수영 3관왕을 차지했다. 전신수영복의 원단에는 리블렛(riblet)이라 불리는 나노 크기의 작은 돌기가 들어간다. 상어 비늘 모양을 본뜬 삼각형의 리블렛을 적용한 전신수영복은 삼각물이 표면에서 쉽게 흐르도록 만들어 저항을 획기적으로 줄인 것이다.

나일론

정의 나일론(nylon)은 화학의 발달에 따라 석유를 분리하여 얻은 물질로 합성한 고분자 물질로, 합성 섬유 중 가장 대표적인 섬유다.

1938년 미국 듀폰 사의 캐러더스(Wallace Hume Carothers, 1896~1937)가 발명한 가장 역사가 오래된 합성 섬유로, 폴리아미드 계에 포함된다. 나일론 실은 거미줄보다 가늘지만 잡아당기거나 마찰시켰을 때 다른 섬유에 비해 매우 강하다. 또한 가볍고 물에 젖어도 강도 차이가 없는 편이고, 탄력성이 매우 크고 천연 섬유와는 달리 좀과 같은 벌레로부터 해를 받지 않아 개발 초기에는 여성용 스타킹을 비롯하여 의복에 주로 사용되었다. 그러나 흡수성이 좋지 않고 마찰에 의해 정전기를 일으키는 단점이 있어 특히 속옷으로는 부적합했다. 이런 단점을 꾸준히 개선하는 등 다양한 가공법으로 생활에서의 활용도를 더욱 확대해왔다.

해설 나일론은 대표적인 합성 섬유로 일찍이 우리 생활 속의 여러 가지 필수품으로 사용되고 있다. 가장 잘 알려진 것은 여성용 스타킹이지만 그 밖에도 의복 및 여러 용도의 나일론 줄을 비롯하여 요즘엔 아웃도어 용품의 재료, 건축 재료 등 생활 곳곳에서 광범위하게 사용되고 있다.

나일론은 합성 고분자 물질의 대표적인 물질로 상온의 실험실에서 쉽게 만들어볼 수 있다. 반응의 원리는 축합 중합 반응으로 헥사메틸렌디아민과 아디프산을 혼합하면 물이 떨어져 나오면서 대표적인 - CONH-(아미드 결합)을 갖는 폴리아미드 계 나일론인 6, 6-나일론이 만들어진다.

$$n\,[\mathrm{H-NH-(CH_2)_6-NH-H}] + n\,[\mathrm{HO-C(=O)-(CH_2)_4-C(=O)-OH}]$$

헥사메틸렌디아민 아디프산

축합중합

$$\left[\mathrm{-NH-(CH_2)_6-NH-C(=O)-(CH_2)_4-C(=O)-}\right]_n + 2n\,\mathrm{H_2O}$$

6, 6-나일론

생.
각.
거.
리.

실험실에서 나일론 만들어보기(6, 6-나일론 합성 실험)

1. 준비물

헥사메틸렌디아민 1.5mL, 수산화나트륨 1g, 염화아디프산 2g, 디클로로 메탄 50mL, 비커 100mL 2개, 비커250mL 1개, 유리 막대, 전자저울, 피펫, 약수저, 약포지, 증류수 등

2. 실험 방법

❶ 염화 아디프산을 디클로로 메탄에 넣어 녹여 용액을 만든다. 진한 갈색 용액이 만들어진다.

❷ 수산화나트륨 1g을 증류수 50mL에 녹인 후 헥사메틸렌디아민 1.5mL과 혼합하여 용액을 만든다.

❸ ❶의 용액에 ❷의 용액을 비커 벽을 따라 서서히 넣어 부어준다.

나일론은 염화 아디프산과 헥사메틸렌디아민의 축합중합으로 얻을 수 있는데, 실제 반응에서는 두 용액이 한꺼번에 반응하지 않도록 두 용액의 경계면에서 서서히 반응하게 염화 아디프산과 헥사메틸렌디아민을 각각 성질이 다른 용매에 녹여 용액을 만든 후 사용한다.

❹ 두 용액의 경계면에서 얇은 막이 생성되는데 이것을 핀셋으로 들어 올려 나무 막대 또는 유리막대에 감아서 나일론실을 얻는다. 빨리 감으면 가늘고, 천천히 감으면 좀 더 굵은 실이 만들어진다.

❺ 나일론 실은 물과 아세톤을 1:1로 혼합한 용액에 씻은 후 건조시킨다.

세상을 바꾼 발명, 나일론

"거미줄보다 가늘고 철사보다 질긴 실이 나왔다. 이것이야말로 기적이다!"

1937년 2월의 어느 아침, 신문을 받아 본 전 세계 사람들은 나일론을 소개한 기사를 읽고 깜짝 놀랐다. 20세기 의복 문화에 커다란 혁명을 가져온 이 기적의 섬유는 젊은 화학자 캐러더스의 작품이었다.

1927년 캐러더스는 미국의 섬유 회사 듀폰의 연구소에 들어갔다. 뛰어난 연구 성과로 이듬해 기초 연구부의 팀장이 된 캐러더스는 인조고무 개발에 열중했다. 그리하여 듀폰은 러시아보다 먼저 인조고무 듀프렌을 만들어내는 데 성공했다. 이후 캐러더스는 40여 건에 이르는 새로운 물질을 발명하면서 널리 이름을 알렸다.

그러던 1930년 어느 날, 현미경을 들여다보던 동료 연구원 힐 박사가 캐러더스를 급히 불렀다.

"박사님, 이걸 좀 보세요."

"아니, 이건 실 모양의 화합물 아닌가?"

두 사람은 새로운 발견에 흥분을 감추지 못했다. 레이온보다 우수한 인조섬유가 탄생할지도 모른다는 기대감 때문이었다. 이후 5년간 연구에 매진한 캐러더스는, 1935년 공기와 물, 석탄 등으로 나일론을 발명했다. 나일론의 원래 이름은 '폴리마 66'으로, 이 화합물에 들어 있는 탄소 원자 개수가 66개라는 의미다.
마침내 1940년 5월 15일, 실크보다 질기고 면보다 가벼운 나일론 스타킹이 미국 전역의 백화점에서 판매되기 시작했다. 실크 스타킹보다 2배 비싼 가격이었지만, 첫날에만 500만 켤레가 팔려나갔다. 그러나 캐러더스는 이 같은 나일론의 성공적인 데뷔를 목격하지 못하고, 1937년 눈을 감고 만다.

글_왕연중

나프타

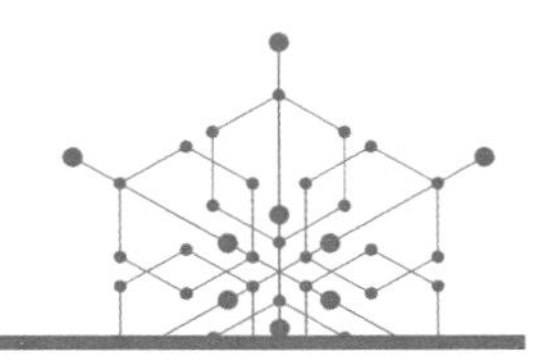

정의 나프타(naphtha)는 원유를 분별 증류할 때, 약 30~200℃의 범위의 끓는점에서 얻어지는 탄화수소의 혼합물이다.

나프타 중 100℃ 이하인 것은 경질 나프타로 분류하고, 주로 에텐, 프로파인 등 석유화학의 원료로 사용하며 끓는점 100~200℃의 나프타는 옥탄가가 높은 가솔린의 조합재로 사용하거나 석유화학용 방향족 탄화수소 제품의 원료로 사용한다.

나프타는 페르시아어 나프트(naft, 땅에서 우러나온 액체 휘발성 연소물)가 어원으로, 정제되지 않은 가솔린을 의미한다.

해설 나프타는 석유의 액체 탄화수소 중에 가장 가볍고 가장 휘발성 강한 성분을 가리키는 물질로, 여러 가지 탄화수소의 혼합물이다.

나프타는 무색에서 적갈색을 띠는 휘발성, 방향성 액체로 가솔린과 아주 비슷하다. 나프타를 분해하면 석유화학의 기초가 되는 에틸렌

(폴리에틸렌과 폴리스티렌의 원료), 프로필렌(폴리프로필렌의 원료), 부탄 · 부틸렌(합성 고무의 원료) 등의 성분을 얻을 수 있다. 에틸렌으로부터는 폴리에틸렌과 폴리스티렌, 프로필렌으로부터는 폴리프로필렌, 부탄과 부틸렌으로부터는 합성고무 등의 석유화학 제품이 생산된다. 나프타의 가장 중요한 용도는 내연기관용 연료로 사용되는 것이며, 이 밖에도 도시가스용 연료로도 사용된다. 석유 공학에서 풀 레인지 나프타(full range naphtha)는 30°~200°C에서 끓는 탄화수소 성분으로, 이는 질량에서 원유의 15~30%를 차지한다. 30~90℃에서 끓는 경 나프타(light naphtha)는 탄소 원자가 5~12개인 분자로 구성되며, 90~200°C에서 끓는 중 나프타(heavy naphtha)는 탄소 원자가 6~12개인 분자로 구성된다.

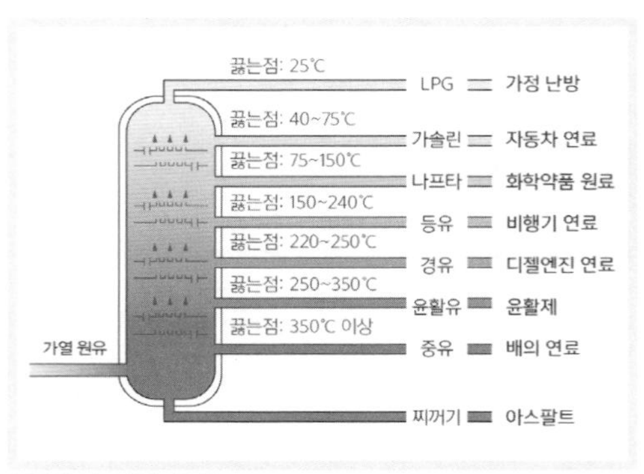

| 원유의 분별 증류

생.
각.
거.
리.

나프타의 이용

나프타는 화학섬유, 합성수지, 합성고무 등을 만드는 데 이용되는 것은 물론이고, 현대에서는 기능성이 더욱 뛰어난 플라스틱 연구 개발에 응용되고 있다.

납축전지

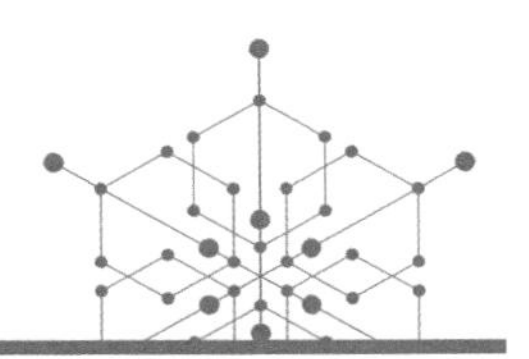

정의 납축전지(鉛蓄電池, lead-acid battery)는 금속 납을 음극, 산화납을 양극, 진한 황산을 전해질로 구성한 대표적인 2차 전지로, 자동차의 배터리로 쓰인다. 납축전지는 진한 황산의 비중(약 38%)이 약 1.280인 상태에서 기전력(전압)이 약 2.1V이다.

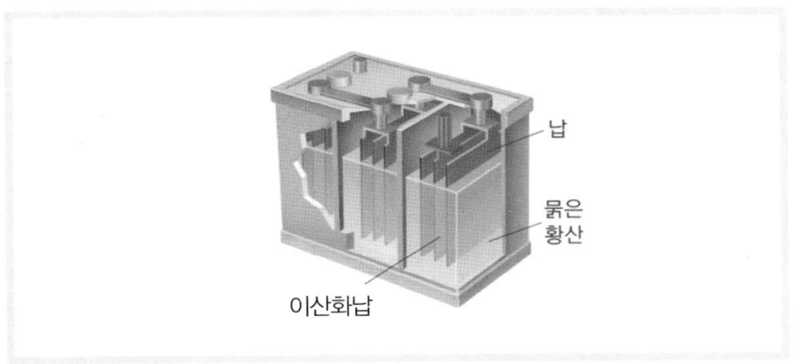

| 납축전지의 기본 구조

해설 산화 전극(-극)은 납(Pb), 환원 전극(+극)은 이산화납(PbO_2)이며, 전해질로 묽은 황산을 사용한다.

금속 납(Pb)과 금속 산화물인 이산화납(PbO_2)을 전해질인 황산 수용액에 넣고 도선으로 두 전극을 연결하면 (-)극과 (+)극에서 산화 · 환원 반응이 일어나 두 전극 사이의 도선에 전류가 흐르는 장치다.

이온화 경향, 즉 반응성이 큰 금속인 납(Pb)은 전해질인 황산과 반응하여 전자를 내놓고 납 이온(Pb^{2+})이 되어 전해질 속으로 녹아들어가고, 전자는 도선을 따라 (+)극인 이산화납(PbO_2) 쪽으로 이동하여 전류를 흐르게 하는 장치다.

전해질 속으로 녹아들어 간 납 이온(Pb^{2+})은 전해질의 황산이온(SO_4^{2-})과 반응하여 황산납($PbSO_4$) 고체를 만들어 (-)극 납 금속판 표면에 달라붙어 생성된다. (+)극에서는 (-)극으로부터 이동해온 전자를 얻는 환원 반응이 일어나는데 (+)극판인 산화납(PbO_2)과 전해질이 전자를 얻는 환원 반응으로 물이 생성되고, 이때 또한 황산납($PbSO_4$) 고체가 (+)극판에 달라붙어 생성된다.

전기를 만들어내는 전지의 양쪽 전극에서 일어나는 화학 반응식을 쓰면 다음과 같다.

- 산화 전극(-극):

  $Pb(s) + SO_4^{2-}(aq) \rightarrow PbSO_4(s) + 2e^-$

- 환원 전극(+극):

  $PbO_2(s) + 4H^+(aq) + SO_4^{2-}(aq) + 2e^- \rightarrow PbSO_4(s) + 2H_2O(l)$

- 전체 반응:

  $$Pb(s) + PbO_2(s) + 2H_2SO_4(aq) \underset{\text{충전}}{\overset{\text{방전}}{\rightleftarrows}} 2PbSO_4(s) + 2H_2O(l)$$

이와 같이 (-)극에서 전자를 내놓는 반응은 산화 반응, (+)극에서 전자를 얻어 일어나는 반응은 환원 반응이라 한다.
이러한 산화 · 환원 반응으로 전기를 만들어내는 장치의 (-)극과 (+)극 사이에 전기 제품을 연결하면 전기를 만드는 위 반응이 일어나 전류가 흘러 전기를 이용할 수 있는 것이다.
납축전지는 수명이 길고, 짧은 시간에 비교적 큰 에너지를 얻을 수 있는 장점이 있다. 납축전지는 진한 황산의 비중(약 38%)이 약 1.280인 상태에서 기전력(전압)이 약 2.1V로, 시판되는 자동차용 납축전지는 기본 전지(Cell) 6개를 직렬로 장치하여 전체 전압은 약 12V이다.
납축전지의 특징은 전기를 사용하는 방전 과정이 일어나면 전해질의 농도가 묽어지고, (+)극판과 (-)극판에 모두 황산납($PbSO_4$) 고체가 생성되어 달라붙게 되므로 전압이 떨어진다. 전기를 만들어내는 정반응이 더 이상 잘 일어나지 않으면, 외부에서 전기를 공급하여 역반응을 일으켜 다시 쓸 수 있게 원래의 상태로 되돌릴 수 있다. 이렇게 충전하여 다시 쓸 수 있는 것이 2차 전지다.

생.
각.
거.
리.

납축전지의 방전과 충전

1. 방전이란?

전지 안에서 산화 · 환원 반응으로 화학에너지가 전기에너지로 변환되는 과정이다.

납축전지에서의 방전은 음극판의 해면상태의 납(Pb)과 양극판의 이산화납(PbO_2)은 황산납($PbSO_4$)으로 변하고 전해액인 묽은 황산(H_2SO_4)은 반응하여 물(H_2O)로 변하므로 전해질의 농도가 묽어져 황산의 비중이 떨어진다. 따라서 계속 방전을 시키면 전기가 발생할 수 없게 된다. 이 상태를 '완전 방전 상태'라고 한다. 전해액인 묽은 황산(H_2SO_4)의 농도는 배터리의 방전 전기량에 비례하여 변화되므로 비중계로 전해액의 비중을 측정함으로써 배터리의 방전상태를 알 수 있다.

2. 충전이란?

전기에너지를 충전기를 사용하여 화학에너지로 변환시키는 것으로, 방전의 역반응이다.

음극과 양극의 황산납($PbSO_4$)은 충전기로 전기에너지를 가하면 방전의 역반응이 일어나 양극판은 이산화납(PbO_2), 음극판은 해면상태의 납(Pb)으로 변하고, 전해액인 묽은 황산(H_2SO_4)이 생성되어 비중이 원래 납축전지의 규정 비중까지 올라간다.

충전시킬 때 배터리가 완전 충전 상태로 되돌아가는 동안 공급되는 전기에너지로 전해액의 물이 전기 분해되어 양극에서 산소(O_2), 음극에서 수소(H_2)가 매우 많이 발생된다. 수소(H_2)는 가연성 기체로 일정 조건에서 쉽게 산화되는 성질이 매우 커서 폭발성이 높기 때문에 배터리에서 화기를 멀리해야 한다. 또한 충전실은 환기가 잘되는 곳이어야 한다. 그리고 충전하는 동안의 전해액의 온도는 43℃가 넘어서지 않도록 해야 한다.

3. 자동차 배터리 방전에 대처하기

비상시에 대비하여 트렁크에 점프 선을 가지고 다니면 시동이 안 걸리는 위기를 극복할 수 있다. 물론 전문가의 도움을 받거나 배터리 충전장치가 있으면 사용법대로 이용할 수 있다.

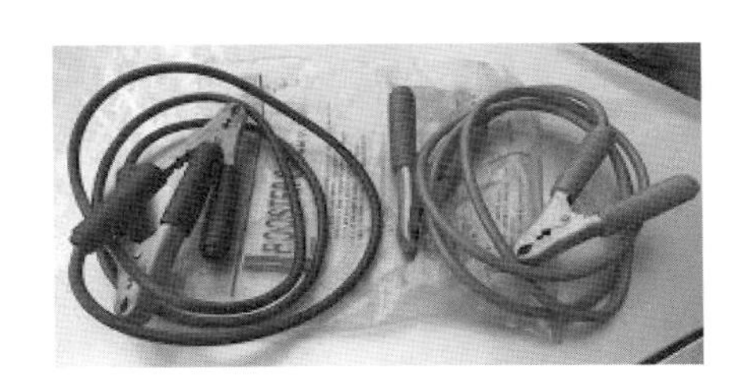

전기를 공급할 수 있는 외부 전지의 (+)극을 납축전지의 (+)극에, 외부 전지의 (-)극을 납축전지의 (-)극에 연결한 후 전기를 흐르게 하면 납축전지에서는 역반응이 일어나 원래의 상태로 되돌아가는 충전이 이루어진다.

그렇지 못한 상황이라면? 주위의 차량에 도움을 청하여 위기를 극복할 수 있다.

❶ 방전된 차량 가까이 도움 차량을 주차시킨 후, 두 차량의 보닛을 연다.

❷ 두 차량의 배터리 전압이 맞는지 확인한다. 전압이 꼭 맞아야 하는 것은 아니지만, 전압이 맞는 경우 전원 공급이 안정적이고 차량 훼손도 덜하다.

❸ 방전된 차량 배터리의 (+)극 캡을 열어 붉은색 (+) 점프선 집게를 연결한다(반대쪽 집게는 도움 차량의 (+) 극에 똑같이 연결한다.)

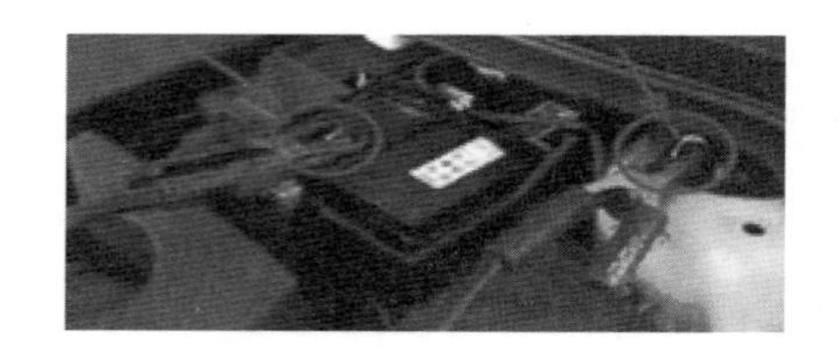

❹ 검은색 (-) 점프 선은 도움 차량의 (-)극에 연결한다.

❺ 검은색 (-) 점프 선을 방전 차량 배터리의 (-)극에 연결하지 말고, 자동차 차체 또는 차량의 철골 부분이나 엔진 블록에 연결해야 더 안전하다.

❻ 도움 차량의 시동을 켜고, 기어는 중립에 둔 후 RPM 2000~3000까지 공회전을 해준다.

❼ 방전 차량의 시동을 켜본 후, 시동이 걸리면 즉시 배터리와 점프 선을 제거한다.

❽ 충전이 완료되면 두 차량의 시동을 끄고, 배터리의 (-)극 점프 선을 제거한다. 순서는 연결할 때의 반대 순서로 우선 방전 차량의 (-)를 제거한 다음 (+)를 제거한다.

- [주의] (+)극 점프선 집게와 (-)극 점프선 집게가 절대 접촉하지 않도록 해야 하며, (+) 점프 선은 차체에 닿지 않도록 해야 한다. 차체도 (-)극이기 때문이다.

다니엘 전지

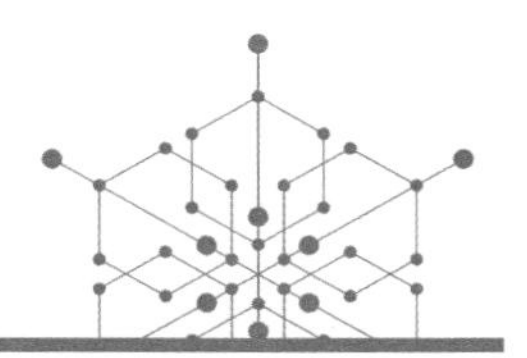

정의 다니엘 전지(Daniel cell)는 1896년 영국의 화학자 다니엘(John Frederick Daniel)이 볼타 전지를 발전시킨 전지(電池)다. 볼타 전지는 전류가 흐르면서 수소 기체가 발생하여 전압이 떨어져 더 이상 전류가 흐르지 않는 분극현상이 일어난다. 다니엘 전지는 이를 개선한 전지로 반응성이 다른 각각의 금속을 금속이온 용액 속에 담그고, 두 이온 용액을 염다리로 연결하여 구성한 것이다. 볼타 전지에서 사용한 아연과 구리를 이용하여 구성한 것이 기본 형태다.

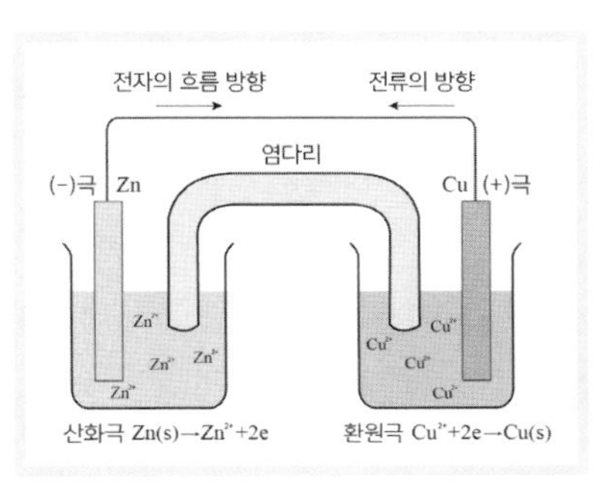

전지의 (-)극은 아연(Zn) 금속판을 황산아연 수용액에 넣고, (+)극은 구리(Cu)판을 황산구리 수용액에 넣은 후 두 용액

을 염다리로 연결한 전지다. 두 금속의 반응성의 차이에 의한 전위차 발생으로 전류가 흐르고, 염다리는 염화칼륨(KNO_3)과 같은 전해질 물질을 한천과 같이 녹여 U자 관에 넣어 굳힌 것으로 그림과 같이 두 전해질을 연결하여 장치한다.

해설 반응성이 큰 아연(Zn) 금속판과 반응성이 작은 구리(Cu)판을 도선으로 연결한 후 두 금속을 각각의 전해질 속에 넣으면, 아연 금속은 전자를 내놓고 아연이온으로 산화되고, 구리 금속판 쪽에서는 수용액 속의 구리이온이 전자를 얻어 구리로 환원되면서 두 전극 사이에 전위차가 생겨 전류가 흐른다. 전위차는 두 금속의 산화·환원 반응에 의한 전류를 흐르게 하는 것으로 기전력이라고도 하며 전류를 흐르게 하는 최초의 전압이라 할 수 있다.

염다리는 양쪽 금속 주변에서의 산화·환원 반응이 일어날 때 수용액의 전하량이 균형을 이룰 수 있도록 한다. (-)극인 아연판이 산화되어 아연이온이 발생되므로 황산아연 수용액은 아연이온수가 증가하므로 상대적으로 양전하량이 커지고, (+)극인 구리판 주변에서는 구리이온이 환원 반응하므로 양이온이 감소로 상대적으로 음전하량이 커져 수용액의 전하량의 불균형이 발생한다. 이때 염다리 속의 염의 음이온이 황산아연 수용액 쪽으로, 염의 양이온은 황산구리 수용액 쪽으로 흘러나와 수용액의 전하량의 균형을 조절하여 전위차가 계속 유지되도록 한다. 다니엘 전지의 기전력은 약 1.1V이고, 재생이 안 되는 1차 전지다.

화학 반응식은 (-)극에서 $Zn \rightarrow Zn^{2+} + 2e^{-}$, (+)극에서 환원 반응은 $Cu^{2+} + 2e^{-} \rightarrow Cu$이다.

생.각.거.리.

다니엘 전지에서 염다리 만들기 [73쪽 그림 참조]

❶ 물 50mL에 한천가루 1g, 질산칼륨 4~5g 또는 염화칼륨 4~5g 정도를 넣고 가열하여 모두 녹인 후 U자관에 넣어 식힌다. (한천은 바다풀, 즉 해초류인 우뭇가사리를 끓이면 점성이 있는 액체 물질이 생기는데 이를 식히면 고형 성분으로 굳는 물질이다. 이렇게 만든 것은 반투명한 연녹회색의 묵 종류의 식품으로 우묵이라 한다.)

❷ 한천을 사용하지 않고 실험실에서 간단히 다니엘 전지를 만들 때 시도하는 방법도 있다. 일정 농도의 질산칼륨 수용액 또는 염화칼륨 수용액을 만든 후 솜(또는 휴지)을 충분이 넣어 흡수시킨 후 이것을 U자관에 꽉 채워서 사용해도 된다. 또는 U자관에 솜(또는 휴지)을 꽉 채운 후 질산칼륨 수용액 또는 염화칼륨 수용액을 넣어 사용할 수도 있다.

동소체

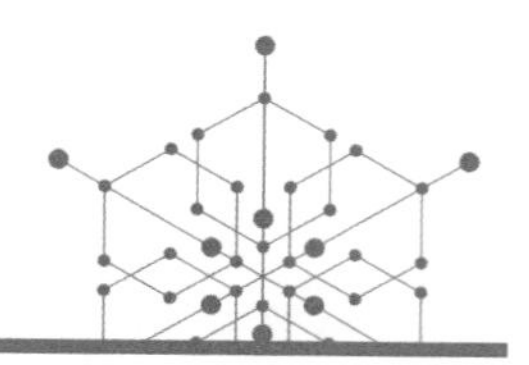

정의 동소체(同素體, allotrope)는 같은 종류의 원소로 되어 있으나 원자간 결합 구조가 달라 성질이 다른 물질을 말한다. 예를 들면 산소(O_2)와 오존(O_3)은 산소 원소의 동소체이고, 다이아몬드(C)와 흑연(C), 풀러레(C_{60})는 탄소 원소의 동소체다.

이 용어를 처음 사용한 베르셀리우스(Jöns Jakob Berzelius, 1779~1848)는 스웨덴의 화학자로, 티타늄 · 지르코늄을 분리하고, 세륨 · 토륨 · 셀레늄 등의 원소를 발견했다.

해설 물질을 구성하는 성분을 분석하면 같은 화학 조성을 갖지만 원자 수가 다르거나 원자의 배열 상태, 결합 구조 등이 달라 서로 성질이 다른 물질들이 있다. 이들을 동소체라 한다.

동소체의 가장 대표적인 물질은 탄소 동소체다. 탄소 원자가 전자가 4개이므로 다른 원자와 최대 4회의 공유 결합을 형성할 수 있고, 다양한 구조의 화합물을 형성할 수 있다. 흑연, 다이아몬드, 그래핀, 풀러렌, 탄소나노튜브 등 공업용 신소재로 개발되고 있는 다양한 종류의 탄소 물질이 있다.

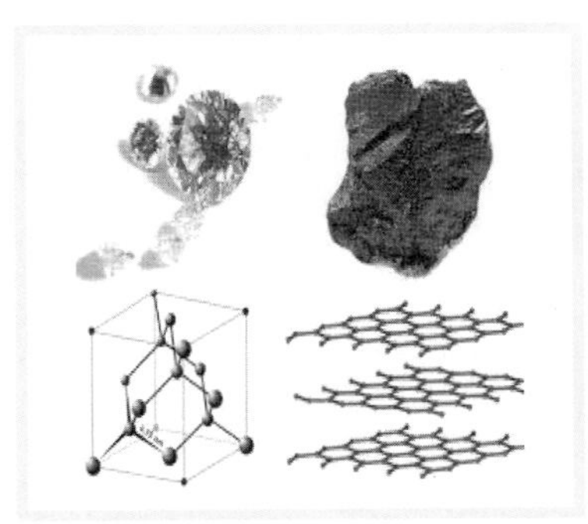

| 다이아몬드와 흑연

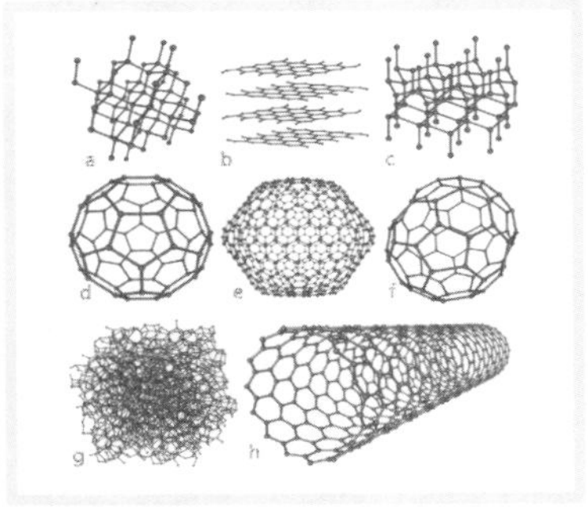

| 탄소의 다양한 동소체

✔ 탄소 동소체의 종류 및 특성

탄소(C)는 우리 주위에서 접할 수 있는 물질의 대부분을 구성하고 있는 성분이다.

탄소 원소의 특성 상 다른 종류의 원자와 다양한 결합을 통하여 이주 많은 종류의 화합물을 만든다. 또한 탄소 원자끼리만 결합하여 만들어진 물질의 종류도 매우 많은데, 원자간 결합 구조의 차이로 성질이 다른 물질로 존재한다. 일반적으로 우리에게 가장 잘 알려진 탄소 물질은 흑연과 다이아몬드다. 현대에 들어 더 많은 종류의 탄소 물질이 밝혀졌는데 풀러렌, 탄소나노튜브, 그래핀 등은 화학 공업의 신소재로 각광받는 물질이다.

❶ 흑연

흑연은 탄소 원자간 공유 결합이 연속적으로 일어나 간단한 입자인 분자 형태를 이루지 않는다. 탄소 원자 1개에 이웃하는 다른 탄소 원자 3개가 각각 공유 결합을 이루며 전체적인 구조는 벌집 모양의 판구조를 이루고, 이러한 판들이 위 아래로 여러 겹으로 겹쳐서 고체 덩어리를 이룬다. 이러한 결합 형태를 층상 구조라 한다.

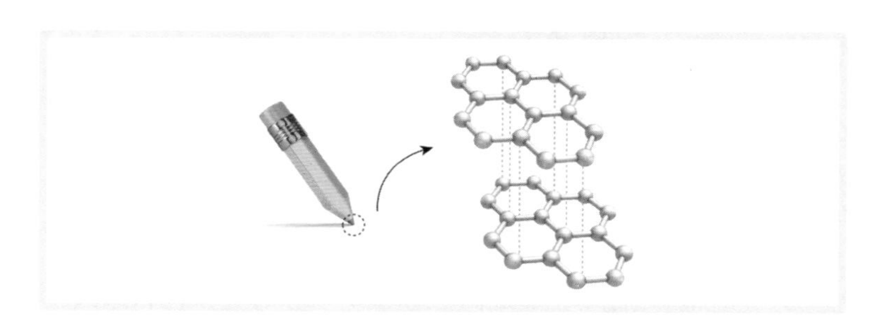

탄소 원자 간 공유 결합은 매우 강하지만 층과 층 사이의 결합은 매우 약하여 적은 힘으로도 쉽게 끊어진다. 단단한 흑연 덩어리인 연필로 글씨를 쓸 수 있는 것이 이러한 구조의 특성 때문에 가능한 것이다. 흑연 덩어리를 종이에 대고 문지르면 흑연의 층과 층 사이의 약한 인력이 끊어져 종이에 묻는다.
고체 연료인 석탄의 주성분이고, 우리 실생활에선 연필심으로 가장 흔하게 예를 들지만 흑연 가공 기술을 이용하는 경우는 매우 많다. 탄소 섬유는 에디슨이 발명한 전구의 필라멘트에 사용되는 것을 시작으로 점점 더 발전하여 테니스, 배드민턴 라켓, 야구 배트, 자전거 프레임 등을 만드는 데 사용되고 있다. 탄소 섬유 강화 플라스틱(Carbon- fiber-reinforced polymer)과 같이 가볍고도 강한 복합 재료를 이용한 섬유제품, 갖가지 플라스틱 제품 개발을 통하여 우리 생활과 광범위하고도 밀접하게 연관되어 왔다. 더 나아가 토목건축, 군사용품, 자동차 및 우주산업에 이르기까지 점점 더 많은 분야에서 유용하게 쓰이고 있다.

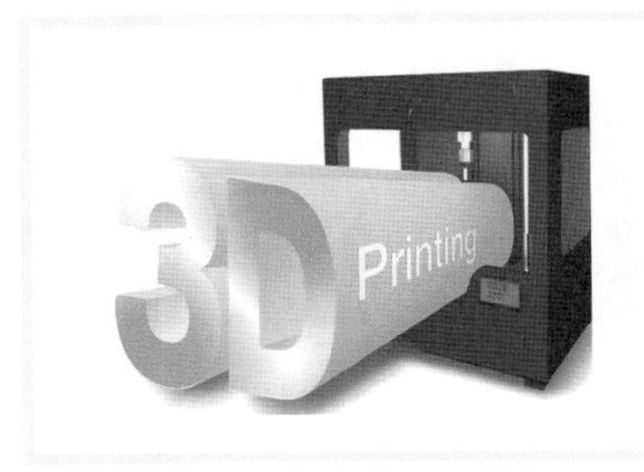

| 탄소섬유를 재료로 사용하는 3D프린터

| 탄소섬유 강화 플라스틱을 적용한 미래형 신차

최근 3D 프린팅에 쓰는 원료를 플라스틱 가루, 나일론, 금속과 같은 재료를 넘어 탄소 섬유를 재료로 사용하면 획기적인 변화가 가능할 것으로 연구되고 있다. 탄소 섬유는 강도와 탄성이 큰데다 부식이 되지 않아 높은 안정성이 필요한 제품도 제작이 가능하므로 만일 탄소섬유 3D 프린터가 상용화된다면 공업 발전의 새로운 장을 열게 될 것이다.

❷ 다이아몬드

다이아몬드는 탄소 원자 1개당 4개의 공유 결합을 한다. 원자 간 결합각이 약 109.5°로 안정되고 탄탄한 정사면체 구조를 기본형으로 탄소 원자의 반복적인 결합으로 입체적 그물 구조를 이룬다. 탄소 원자의 원자가 전자가 모두 공유 결합에 참여하여 전기가 통하지 않고 녹는점이 높다.

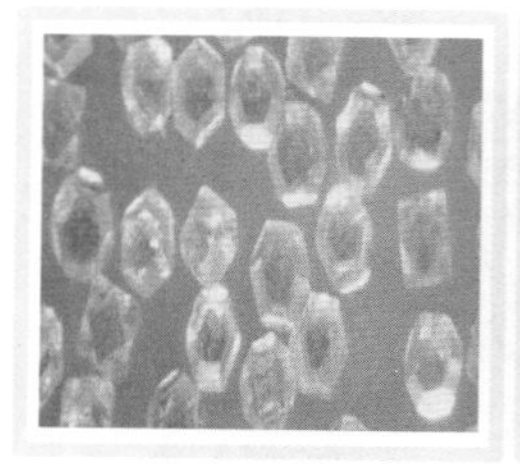

공업용 다이아몬드

보석용 다이아몬드

다이아몬드 반지

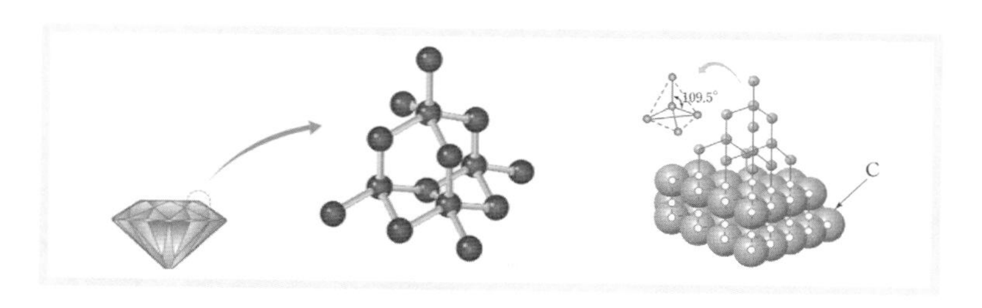

다이아몬드는 일반적으로 무색투명하여 빛에 의한 광채가 무지갯빛으로 매우 화려한 값비싼 보석으로 알려져 있다. 그러나 다이아몬드는 광산에서 채취될 때부터 보석과 같은 광채가 나는 것이 아니다. 불순물의 종류 및 양에 따라 색깔도 다양하며 무색일수록 빛의 투과성이 좋아 보석으로 가공하는 선호도가 큰 것이라 한다. 빛의 투과 후 화려한 반사광이 나오도록 하려면 다이아몬드의 형태와 깎은 면이 매우 중요하다. 그러므로 다이아몬드를 보석으로 만들기 위해서는 극도로 섬세한 가공 기술이 필요하다.

광산에서 캐내는 다이아몬드 중 25% 정도만이 보석으로 가공되고 나머지는 산업용으로 사용되는 것으로 알려져 있다. 다이아몬드는 외과용 의료 수술도구, 송곳, 유리칼, 자동차 부품, 제트 엔진 부품, 렌즈 연마용 휠 등 다양한 용도의 공구 재료로 사용된다.

다이아몬드는 광물 중 굳기가 가장 단단하고 높은 열전도율, 낮은 열팽창, 높은 내산성(산에 견디는 성질) 등이 있어 오늘날 정밀기계, IT 산업, 건설 산업 등에서 꼭 필요한 재료다. 이러한 필요에 따라 수요가 급속히 늘어나 이제 공업용은 인조 다이아몬드를 이용하는 것이 일반화되었다.

산업용 공구에 이용되는 다이아몬드

❸ 플러렌

원자 1개가 3개의 다른 탄소 원자와 결합하여 오각형과 육각형이 교대로 배열된 구조를 이루면 전체는 축구공 모양이다. 가장 기본적인 풀러렌은 C_{60}이며 매우 안정된 구조로 내압성이 뛰어나다. 4개의 원자가 전자 중 공유 결합에 참여하지 않은 자유전자가 있어 전기전도성이 있다.

❹ 그래핀

흑연의 층 구조 중 한 겹을 떼어낸 판상 구조의 물질이지만 다이아몬드보다 2배 이상 단단한 성질을 나타낸다. 한 겹으로 매우 얇아서 투명하며 휘어지는 성질이 있어 IT 산업에서 디스플레이 소재로 사용되고 있다.

⑤ 탄소 나노튜브

육각형 모양이 반복되어 있는 얇은 탄소 층, 즉 그래핀이 나노 크기로 나선형으로 감겨 있는 구조다. 면이 말리는 각도와 형태에 따라 각기 다양한 특성을 나타낸다. 탄소 원자 1개당 3개의 결합만 하므로 자유 전자가 있어 전기전도성이 있다.

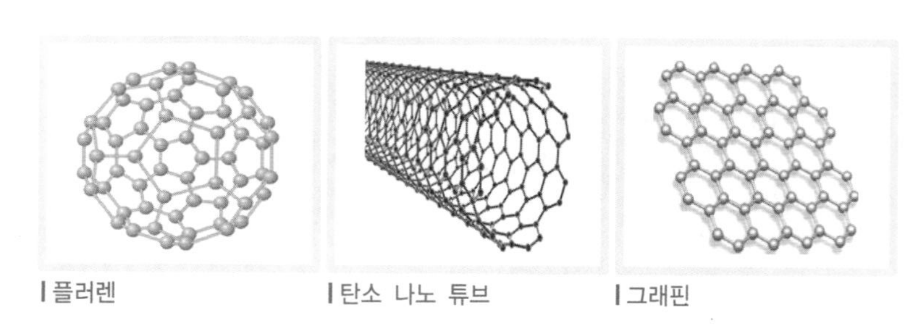

플러렌	탄소 나노 튜브	그래핀

생. 각. 거. 리.

탄소 동소체의 특징

다이아몬드, 흑연, 그래핀, 풀러렌, 탄소나노튜브 등 탄소 동소체는 모두 탄소 원소 한 가지 성분으로 되어 있으므로 완전히 태우면 모두 이산화탄소 기체로 변한다. 즉, 탄소 동소체의 연소 반응의 화학 반응식은 모두 같다. 또한 같은 탄소 원소로만 이루어져 있어서 각 물질 1g당 탄소 원자 수도 모두 같다.

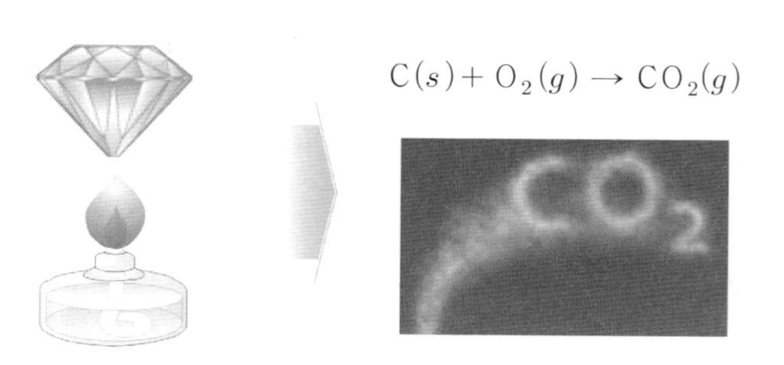

라울의 법칙

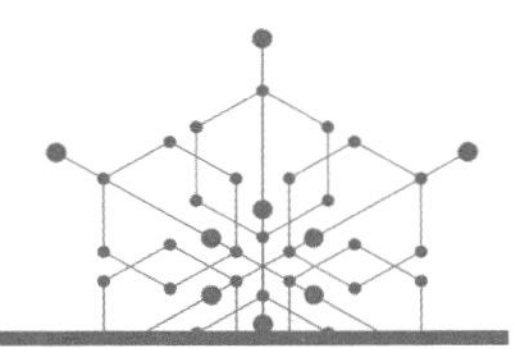

정의 라울의 법칙(Raoult's law)은 "비휘발성, 비전해질 용질을 용매에 녹여 만든 묽은 용액의 용매 증기압력은 순수한 용매의 증기압력보다 작고, 그 차이인 증기압력 내림 값(ΔP)은 용질의 몰분율에 비례 한다"는 법칙이다.

$$\Delta P = P_0 \cdot x_{용질}$$

ΔP : 증기 압력 내림

P_0 : 순수한 용매의 증기압력

$x_{용질}$: 용질의 몰분율

$$x_{용질} = \frac{n_{용질}}{(n_{용질} + n_{용매})}$$

($n_{용질}$ = 용질의 몰수, $n_{용매}$ = 용매의 몰수)

라울의 법칙은 다음과 같은 방법으로 설명할 수도 있다.
묽은 용액에서 용매의 증기압력을 P, 순수한 용매의 증기압력을 P_0, 용매의 몰분율을 $x_{용매}$이라고 할 때 묽은 용액의 증기압력, 즉 묽은 용액에서 용매의 증기압(P)은 순수한 용매의 증기압(P_0)과 용매의 몰분율을 곱한 것과 같다.

$$P = P_0 \cdot x_{용매}$$

$$x_{용매} = \frac{n_{용매}}{(n_{용질} + n_{용매})}$$

$x_{용매}$ = 용매의 몰분율

$n_{용질}$ = 용질의 몰수, $n_{용매}$ = 용매의 몰수

해설 비휘발성, 비전해질의 용질을 물에 녹여 묽은 수용액을 만들었을 때 용매인 물은 증발이 일어나므로 수증기가 되어 증기압력을 나타낼 수 있는데, 이때의 증기압력은 같은 온도 조건에서 순수한 물이 증발되어 나타내는 증기압력보다 작다.

이유는 용매만 있을 때와는 다르게 용액에서는 용질이 용매의 증발을 방해하기 때문에 증기의 양이 적으므로 증기압력이 낮아진다. 이때 일정 온도에서 순수한 용매만 있을 때 증기압력과 용액의 증기압력 값의 차이를 증기압력 내림이라 하며 이 값은 용질의 입자 수에 비례한다.

용액에서 용매의 증발 방해의 요인은 두 가지로 설명할 수 있다. 첫째는 용액을 이루고 있는 용매 분자를 용질 분자가 끌어당기는 힘으로 증발을 방해하기 때문이고, 둘째는 용액 표면에서 증발하는 용매 분자의 수가 순수한 용매보다 상대적으로 적으므로 증발하는 용매 분자의 수가 적기 때문이다.

이때 증기압력 내림 값의 크기는 녹아 있는 용질의 종류와는 관계없고, 용질의 몰수(입자 수)에만 영향을 받는 성질로 이 법칙으로 잘 설명되는 용액을 이상용액이라 한다.

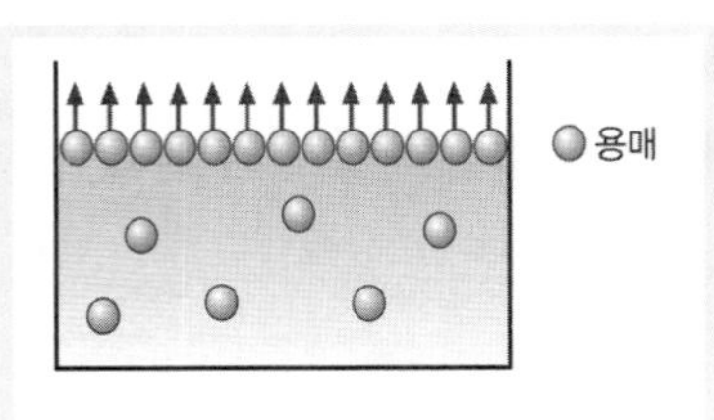

- 표면에 용매 분자만 있으므로 용매 분자가 증발이 쉽다.
- 증기 압력이 높다.

| 순수 용매

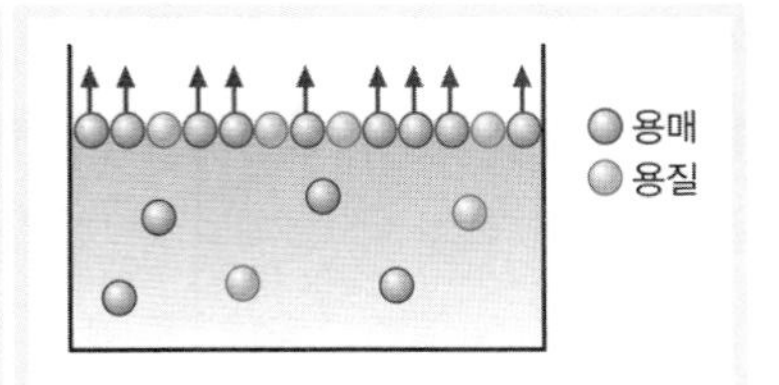

- 표면에 용질과 용매가 섞여 있어 용매가 증발되기 어렵다.
- 증기 압력이 낮다.

| 용액(용질+용매)

단, 라울의 법칙이 성립되는 조건은 용질이 비휘발성과 비전해질인 경우다. 비휘발성이란 분자 간 끌어당기는 힘이 커서 증발이 일어나지 않는 성질이고, 비전해질은 물에 녹아도 용질이 이온화되지 않는 것으로 입자 수에 변화가 없는 물질인 경우다. 용질이 전해질인 경우는 이온화된 이온의 입자 수에 비례해서 증기압력은 더 낮아진다. 라울의 법칙을 그래프로 이해해보자.

그래프의 온도 T 조건에서 용액의 증기압력(P)은 순수한 용매의 증기압력(P_0)보다 작고, 이때 작아진 증기압력의 차이($\Delta P = P_0 - P$)는 용액의 농도가 진할수록, 즉 용액 속의 용질의 입자 수가 많을수록 커진다.

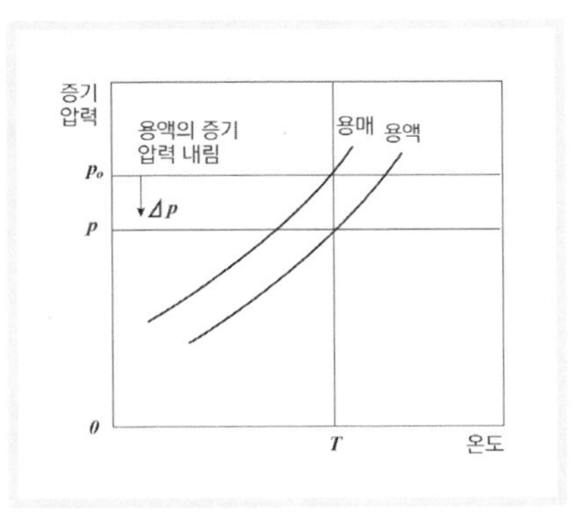

| 증기 압력 내림 곡선

묽은 용액에 녹아 있는 용질의 입자 수가 많으면 많을수록 물의 증발이 방해되므로 증기압력이 더 내려가는 것이다. 이것을 정밀하게 측정하면 그 차이는 용질의

몰분율에 비례한다. 또한 이 값은 용질의 종류는 관계없고 녹아 있는 용질의 몰수에만 영향을 받는다. 이러한 특성을 설명한 과학자의 이름을 붙여 '라울의 법칙'이라 한다.

생.각.거.리.

설탕물과 소금물의 증기압력

일정 온도에서 순수한 물의 증기압은 일정하다. 예를 들면 온도가 100℃인 맹물의 수증기압은 약 760mmHg, 즉 1기압이다.
그런데 같은 온도의 물에 비휘발성, 비전해질인 설탕을 녹여 설탕물을 만들고 증기압을 측정하면 순수한 물의 증기압보다 낮다. 온도가 100℃ 인 설탕물의 수증기압은 760mmHg보다 낮은 증기압을 나타낸다.
같은 농도의 포도당수용액과 같은 농도의 소금물을 만들어 100℃로 높이면 같은 농도의 설탕물의 수증기압과 같을까?
포도당 수용액은 설탕물과 같은 수증기 압력을 나타내지만 소금물의 수증기 압력은 포도당이나 설탕물의 증기압력 내림 값보다 2배 더 감소한 증기압력 내림 현상을 보인다.
포도당은 설탕과 마찬가지로 비휘발성, 비전해질이므로 이들 용액은 같은 증기압력 내림 값을 나타낸다. 소금(NaCl)은 비휘발성, 전해질 물질로 Na^{+}과 Cl^{-}로 이온화되어 입자의 수가 2배로 늘어나 입자의 농도가 2배로 전해지므로 물의 증발을 2배로 방해하게 된다.
이 결과는 용액의 증기압력 내림 현상은 용질의 종류와는 관계없고 용액에 녹은 용질의 입자 수, 즉 용액의 농도에 따라 나타나는 성질임을 알 수 있다.

라이먼 계열

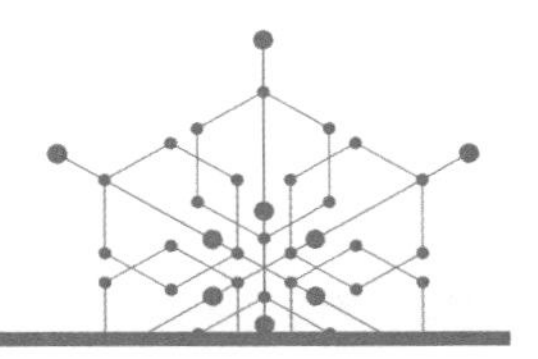

정의 라이먼 계열(Lyman series)은 수소의 선 스펙트럼의 계열 중 전자가 주양자 수 n=2 이상인 전자껍질에서 주양자 수 n=1인 K전자껍질로 전이될 때 나타나는 자외선 방출 스펙트럼이다.

해설 수소 기체를 방전관에 넣고 높은 전압을 걸어주면 수소 기체인 수소 분자 H_2가 전기에너지를 흡수하여 수소 원자 간의 결합이 끊어지면서 빛이 방출되어 나온다. 이때 나오는 빛을 프리즘

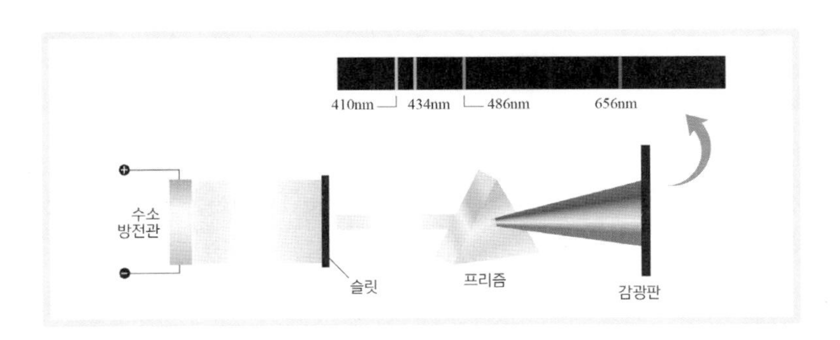

에 통과시키면 빛의 종류가 나뉘어져 몇 가지 색깔의 선이 나타나는데 이것이 수소의 선 스펙트럼이다.

수소의 선 스펙트럼이 관찰되면서 이 수소의 선 스펙트럼의 성질을 설명하기 위해 많은 과학자들이 연구했는데, 덴마크의 물리학자 닐스 보어는 새로운 원자 모형인 전자껍질 모형을 제안했다.

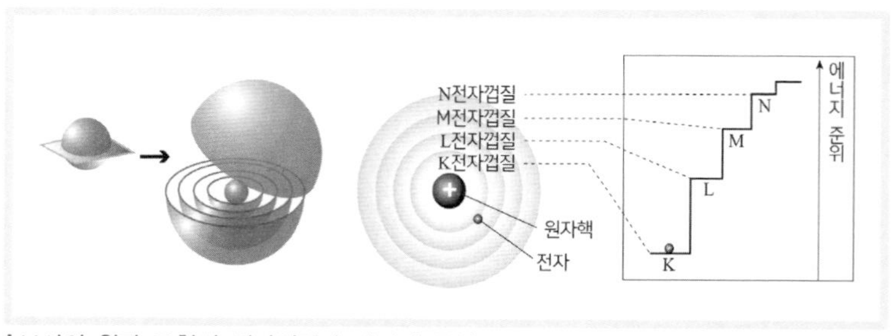

| 보어의 원자 모형의 전자껍질과 에너지 준위

이전에 스웨덴의 물리학자 뤼드베리(Johannes Robert Rydberg)는 원소의 스펙트럼의 계열을 연구하여 수소의 스펙트럼선의 파장을 계산하는 수식을 만들어 계산했고, 보어는 원자 모형을 이용하여 이 수식으로 스펙트럼선의 파장을 계산할 수 있는 이유를 설명한 것이다.

$$\frac{1}{\lambda} = R(\frac{1}{n_1^2} - \frac{1}{n_2^2})$$

λ는 진공 속에서의 빛의 파장

R은 무한대에서 n_1으로 전이될 때의 뤼드베리 상수

$:R = 1.0974 \times 10^7 \mathrm{m}^{-1}$

n_1과 n_2는 정수이며 $n_1 < n_2$, (n=2,3,4,……)

미국의 물리학자 시어도어 라이먼(Theodore Lyman)은 1906년부터 1914년 사이에 수소 기체 전자의 선스펙트럼의 120~60nm 영역의 자외선 영역 스펙트럼을 발견하여 보어의 원자구조론 기초를 제공했다.

라이먼 계열의 선스펙트럼 빛은 수소 원자에서 볼 수 있는 전자기파의 스펙트럼 중 파장이 가장 짧은 계열이다. 수소 원자의 전자가 들뜬상태의 여러 에너지 준위에서 바닥상태의 에너지 준위를 갖는 K전자껍질(n=1)로 전이하면서 내보내는 전자기파들이 모두 이 계열에 해당된다.

라이먼 계열의 이름은 그리스 문자 순서대로 붙여 부른다. L전자껍질(n=2)에서 K전자껍질(n=1)로 전자가 이동될 때의 전자기파를 Lyman-α(alpha), M전자껍질(n=3)에서 K전자껍질(n=1)로 될 때 Lyman-β(beta), N전자껍질(n=4)에서 K전자껍질(n=1)로 될 때 Lyman-γ(gamma) 등으로 발견자의 이름인 시어도어 라이먼(Theodore Lyman)에서 따온 것이다.

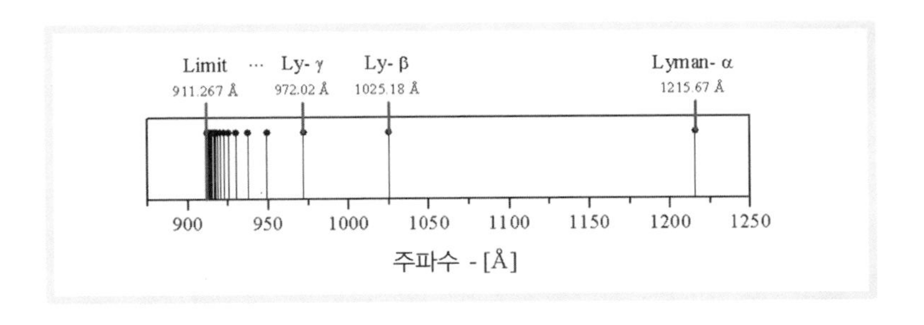

생.각.거.리.

수소의 선스펙트럼

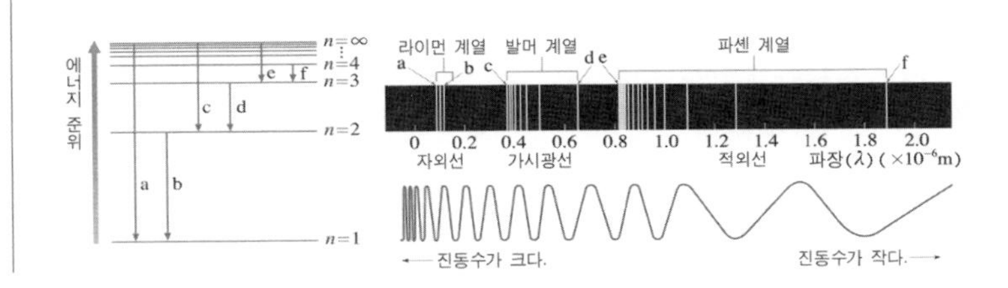

루이스의 산-염기

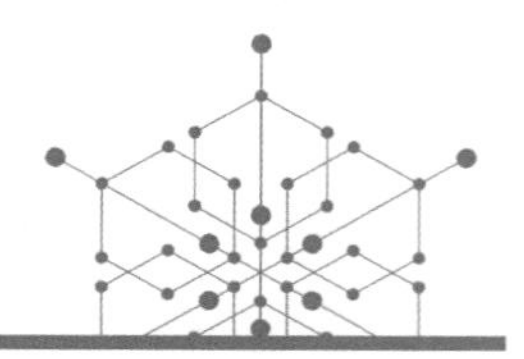

정의 루이스의 산-염기(Lewis HCl $-NH_3$)에서 비공유 전자쌍을 받는 물질을 산(酸, HCl)이라 하고, 비공유 전자쌍을 제공하는 물질을 염기(鹽基, NH_3)라고 한다.

해설 화합물의 종류가 많아지면서 아레니우스나 브뢴스테드-로우리의 정의를 기준으로 설명할 수 없는 산과 염기의 종류도 많아졌다. 성질은 기존의 아레니우스나 브뢴스테드-로우리의 정의로 설명되는 산과 염기와 공통적이지만 화합물에 H^+과 OH^-을 가지고 있지 않은 것들이 발견되었다. 이러한 화합물은 산과 염기로 분류할 수 없는 걸까?

미국의 화학자 루이스(G. N. Lewis, 1875~1946)는 브뢴스테드-로우리의 정의에서 H^+을 주고받았던 개념을 비공유 전자쌍을 주고받는 개념으로 확장시켜서 더욱 포괄적인 산과 염기에 대한 개념을 제시했다.

루이스는 비공유 전자쌍을 받는 물질을 산이라 하고, 비공유 전자쌍을 제공하는 물질을 염기라고 했다.

이렇게 정의하면 산은 양성자를 내놓을 수 있는 물질뿐 아니라 금속 이온과 최외각에 전자쌍을 받을 수 있는 이온이나 분자까지 포함하고, 염기는 양성자를 받을 수 있는 물질뿐 아니라 이온이나 분자에게 비공유 전자쌍을 줄 수 있는 물질까지 포함한다.

가장 가까운 예로 암모니아 NH_3와 여러 가지 산이 반응하는 경우 산의 공통 이온인 H^+은 암모니아 NH_3의 비공유 전자쌍을 받게 되고, 암모니아 NH_3는 수소이온 H^+에게 비공유 전자쌍을 제공하게 된다. 이때 암모니아 NH_3는 분자 내에 OH^-가 없으므로 아레니우스의 정의에 따르면 염기라고 할 수 없으나, 루이스의 정의에 따르면 수소이온 H^+에게 비공유 전자쌍을 제공하므로 염기로 설명할 수 있다. 또한 수소 이온 H^+은 암모니아 NH_3로부터 비공유 전자쌍을 받으므로 산이다.

생.각.거.리.

암모니아와 삼플루오린화 붕소의 반응에서 루이스의 산과 염기의 정의

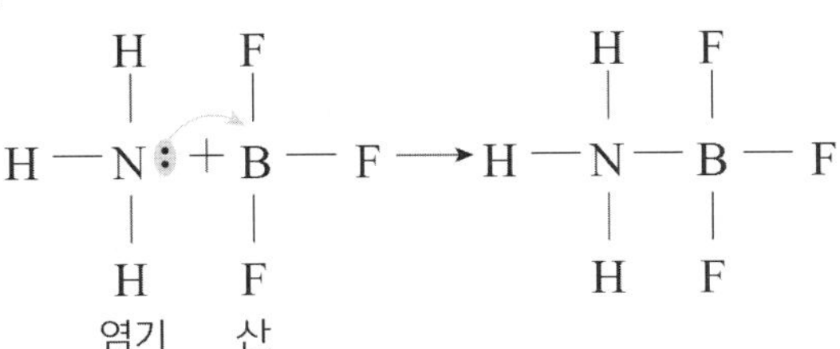

르샤틀리에의 원리

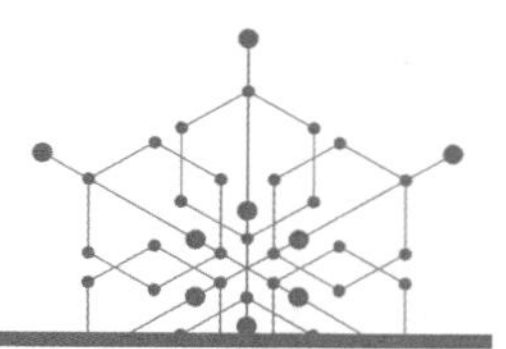

정의 르샤틀리에의 원리(Le Chatelier's principle)는 "어떤 가역반응의 평형상태가 외부 작용에 의해 변하면 그 외부 작용의 효과를 줄이는 방향으로 평형이 이동하여 새로운 평형상태에 도달한다"는 원리로, '화학 평형이동의 법칙'이라고 한다.
화학 평형 상태에 있는 반응에 외부 조건을 변화시켰을 때, 어떤 반응이 일어날지 예측할 때 이용한다.

해설 어떤 가역반응이 화학 평형상태에 있을 때 반응물 또는 생성물의 농도, 온도, 부피, 부분 압력 등을 변화시키면 반응의 화학 평형상태는 깨지고 화학 반응이 일어난다. 반응의 방향은 주어진 조건의 변화를 없애려는 방향으로 진행되어 결국 다시 화학 평형상태를 이루게 된다.

농도에 따른 평형이동

반응물이나 생성물의 농도를 증가시키면 그 물질의 농도가 감소하는 방향으로 평형이 이동한다. 반응물이나 생성물의 농도를 감소시키면 그 물질의 농도가 증가하는 방향으로 평형이 이동한다.

압력에 따른 평형이동

압력을 증가시키면 압력의 크기를 작게 하는 방향, 즉 기체의 몰 수가 감소하는 방향으로 반응이 진행되어 평형이 이동한다. 압력을 감소시키면 압력을 증가시키는 방향, 즉 기체의 몰수가 증가하는 방향으로 평형이 이동한다.

온도에 따른 평형이동

온도를 높이면 가해진 열을 흡수하는 흡열 반응 쪽으로 평형이 이동한다. 온도를 낮추면 온도를 높이는 반응, 즉 발열 반응 쪽으로 평형이 이동한다.
르샤틀리에의 원리는 화학 공업에서 가역반응의 결과를 조절하여 화학 반응의 생성물을 최대한 많이 만들어내는 데 응용되고 있다.

생.각.거.리.

암모니아의 합성 반응에서 르샤틀리에 원리를 효과적으로 이용하는 방법

■ 암모니아 기체의 생성 반응

$$N_2(g)+3H_2(g) \rightleftarrows 2NH_3(g), \quad \Delta H=-92\text{kJ}$$

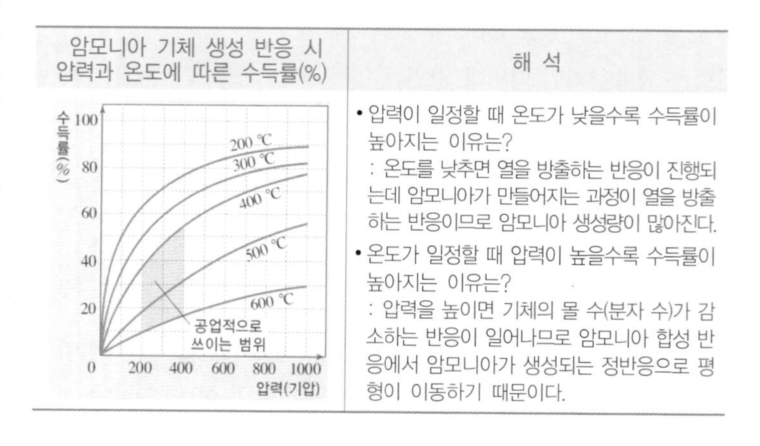

암모니아 기체 생성 반응 시 압력과 온도에 따른 수득률(%)	해 석
(그래프)	• 압력이 일정할 때 온도가 낮을수록 수득률이 높아지는 이유는? : 온도를 낮추면 열을 방출하는 반응이 진행되는데 암모니아가 만들어지는 과정이 열을 방출하는 반응이므로 암모니아 생성량이 많아진다. • 온도가 일정할 때 압력이 높을수록 수득률이 높아지는 이유는? : 압력을 높이면 기체의 몰 수(분자 수)가 감소하는 반응이 일어나므로 암모니아 합성 반응에서 암모니아가 생성되는 정반응으로 평형이 이동하기 때문이다.

■ 암모니아의 합성 반응에서 암모니아의 수득률을 높이는 방법

암모니아의 수득률을 높이려면 온도를 낮추고 압력을 높이는 것이 유리하다. 그러나 온도가 너무 낮으면 반응이 느려져 생성물을 얻는 데 시간이 많이 걸리고, 압력을 너무 크게 높이려면 큰 압력을 견딜 수 있는 반응 용기 등 시설을 만드는 데 비용이 많이 든다. 실제로 산업 현장에서는 온도와 압력의 조건만 고려하는 것이 아니라 적절한 촉매를 사용하고, 온도는 400~600℃, 300기압 정도에서 암모니아를 합성하는 방법을 사용한다.

몰

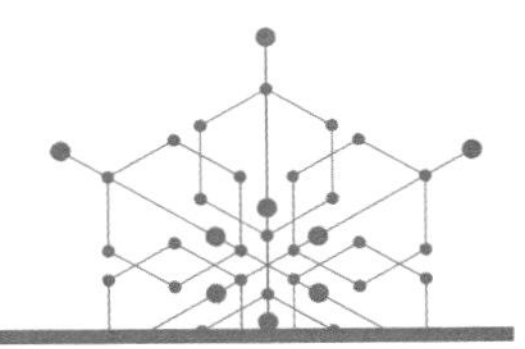

정의 몰(mol)은 물질의 입자 수, 질량, 부피 등과 같은 물질의 양을 나타내는 단위다.

가장 기본적으로 원자, 분자, 이온 등과 같은 입자의 수 약 6.022×10^{23}개를 1몰(mol)로 정한 묶음 단위다. 일반적으로 6.02×10^{23}개로 사용한다.

해설 화학에서 물질의 양을 다루기 위해 기본으로 사용하는 단위가 몰(mol)이다. 주로 물질을 이루는 가장 작은 단위의 물질인 원자, 이온, 분자 등의 물질량을 다룰 때 사용한다. 이들 입자들은 실제 크기, 질량 등이 매우 작으므로 입자 한 개 한 개 등 낱개의 양으로 다루기엔 매우 불편하다. 그러므로 이 작은 입자들의 양을 다룰 때는 묶음 단위를 사용하는 것이 편리하다.

우리가 일상생활에서 물질의 양을 편리하게 사용할 수 있도록 묶음 단위를 사용하는 경우와 같다.

연필 12자루 = 1다스, 계란 30개 = 1판, 마늘 100개 = 1접

이와 같이 크기나 양이 매우 작아 실제 사용하기에 불편한 경우 그 물질량을 이해하는데 좀더 편리하도록 묶음 단위를 만들어 쓰는 것이다.
화학자들도 물질을 이루는 가장 기본이 되는 아주 작은 입자, 즉 원자나 이온, 더 나아가 전하의 양을 다룰 때에 보다 간편하게 묶음 단위를 쓰도록 결정했다.
방법은 원자량의 기준에 따라 질량수가 12인 탄소(^{12}C)의 질량 12g 중에 포함되어 있는 원자의 수를 1몰(mol)로 정했다. 즉, 탄소 (^{12}C)의 질량 12g 속에는 탄소 원자가 약 6.022×10^{23}개 들어 있는데, 이를 1몰이라 한다. 일반적으로 6.02×10^{23}개로 사용한다. 그뿐 아니라 입자의 종류 관계없이 6.02×10^{23}개를 1몰이라고 한다.

입자 6.02×10^{23}개 = 입자 1몰, 원자 6.02×10^{23}개 = 원자 1몰,
이온 6.02×10^{23}개 = 이온 1몰, 전자 6.02×10^{23}개 = 전자 1몰

보다 정확한 1몰의 입자 수는 약 6.0221438×10^{23}개다. 이 1몰의 수를 아보가드로 수(NA: Avogadro's number)라고 부르는데, 아보가드로 법칙(0℃, 1기압 조건에서 22.4L 속에 들어 있는 기체 분자 수는 기체 종류와 관계없이 모두 6.02×10^{23}개, 즉 1mol)을 밝힌 19세기 물리학자 아보가드로를 기념하여 붙인 것이라 한다.
'mol'은 분자를 뜻하는 Molecule의 앞부분을 이용한 것으로 몰 단위 기호로 쓰며 mol 또는 mole로 표시한다. 물질의 양을 나타내는 몰(mol)은 1971년 제14차 국제도량형총회에서 국제계량단위계(SI)의 기본단위로 채택되고, 우리나라에서도 법정(法定)계량단위로 설정하여 쓰고 있다.

생.
각.
거.
리.

물 한 컵에 들어 있는 물 분자 수

일반적으로 물 한 컵의 용량은 180~200mL다. 180mL 용량의 물 한 컵을 단숨에 마신다고 가정할 때 이 물을 이루고 있는 물 분자 수는 몇 개일까?

물 180mL의 질량은 약 180g이고, 물 1몰의 질량은 분자량(g)이므로 18g이다. 그러므로 180g은 10몰이며, 이는 1몰의 개수 6.02×10^{23}개의 10배인 6.02×10^{24}개다.

몰농도

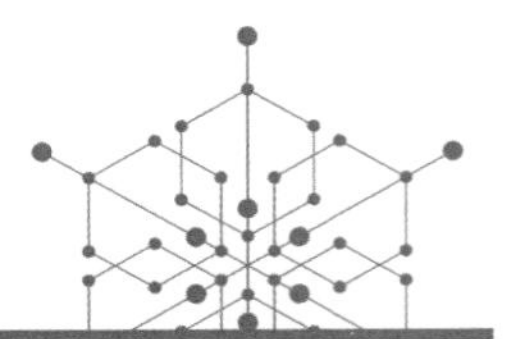

정의 몰농도(molarity)는 용액의 농도를 나타내는 방법으로 용액 1L 속에 녹아 있는 용질의 몰 개수를 나타내는 값이며, 단위는 M 또는 mol/L로 나타낸다.

해설 용액의 농도는 용액을 이루는 용매와 용질의 혼합된 정도를 설명할 수 있는 방법이다. 용액이란 두 가지 이상의 물질이 일정한 비율로 균일하게 섞여 있는 상태의 혼합물로 이때 양이 많은 것은 용매라 하고 양이 적은 것을 용질이라 한다.

우리가 가장 많이 다루는 액체 물질과 고체 물질의 혼합물의 경우, 액체 상태의 물질은 용매, 고체 상태의 물질은 용질이라 한다. 예를 들면 물 한 컵에 설탕 한 순가락을 녹여 설탕물을 만든 경우로 설명해 보면, 물은 용매이고 설탕은 용질이며 설탕물은 용액이라 한다. 이러한 용액을 이루는 용매와 용질의 혼합된 정도를 알게 해주는 값 또는 일정량의 용액 속에 용질이 얼마나 녹아 있는지를 설명하는 것이 농도다.
몰농도는 용액 1L에 녹아 있는 용질의 몰 개수로 나타내는 것으로, 용액 1L에 녹아 있는 용질의 입자 수가 1몰이면 1M이라 한다. 용매와 용질이 혼합된 전체 용액의 부피가 1L일 때, 이 용액 속에 녹아 있는 용질의 입자 수가 1몰, 즉 6.02×10^{23}개 녹아 있으면 1몰농도(M)라 한다.
단위는 M 또는 mol/L로 써서 나타내며 M을 몰농도라 읽는다.
설탕물의 농도가 1M이라면, 설탕물 1L 속에 설탕 분자가 1몰, 즉 6.02×10^{23}개 녹아 있다는 것이다. 설탕물 1L의 농도가 2M이라면, 설탕 분자가 2몰, 즉 12.04×10^{23} ($6.02 \times 10^{23} \times 2$)개가 녹아 있다는 뜻이다.
몰농도 구하는 공식은 다음과 같이 쓸 수 있다.

$$\text{몰농도}(\text{M 또는 } \frac{\text{mol}}{\text{L}}) = \frac{\text{용질의 몰수(mol)}}{\text{용액의 부피(L)}}$$

볼타 전지

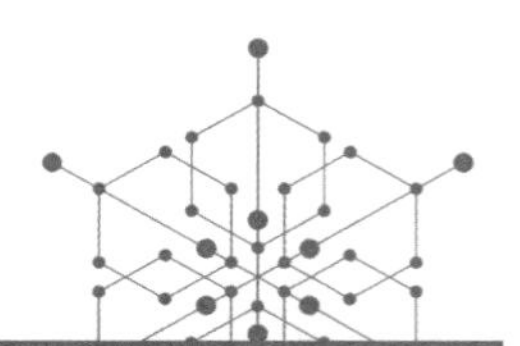

정의 볼타 전지(volta cell)는 아연판과 구리판을 묽은 황산에 넣고, 두 금속을 도선으로 연결하여 전류를 흐르게 만든 장치로 최초의 화학 전지다.

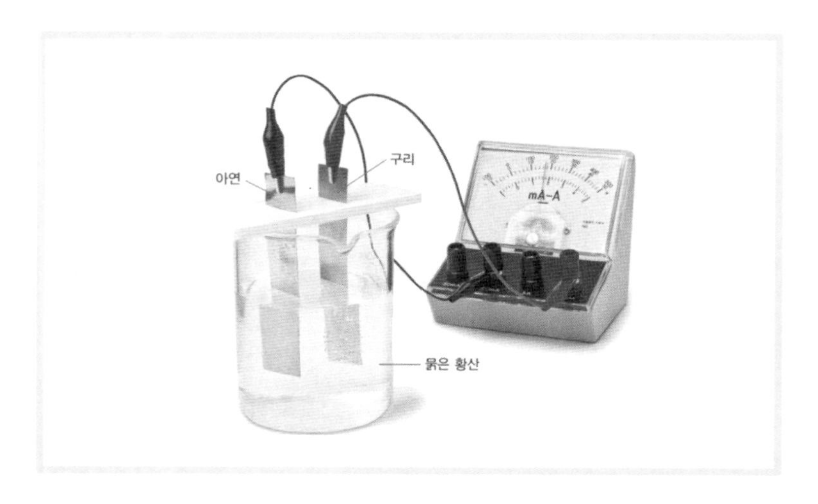

해설 볼타 전지는 물질의 화학적 반응을 통해 화학에너지를 전기에너지로 변환하는 최초의 전기 발생 장치다.

1800년 이탈리아의 물리학자 알레산드로 볼타(Alessandro Volta, 1745~1827)가 발명한 세계 최초의 전지는 소금물을 적신 판지(cardboard soaked in salt solution)를 사이에 두고 은판(silver disc)과 아연판(zinc disc)을 반복하여 여러 층을 쌓아 설치한 후 두 금속을 구리선으로 연결하여 만들었다. 이를 볼타 파일(Voltatic pile)이라 했는데, 이것이 최초의 볼타 전지다.

| 볼타 전지

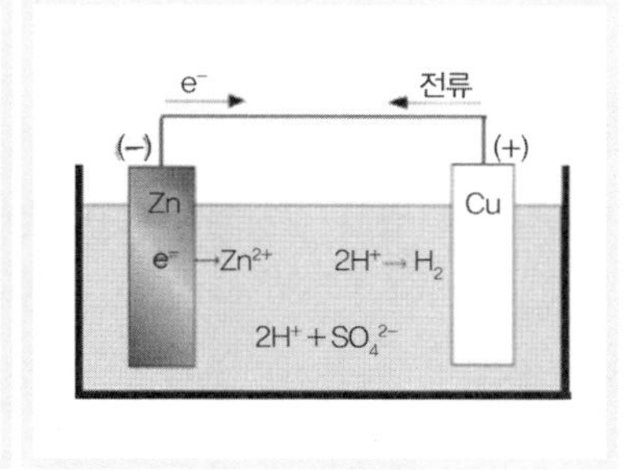

| 볼타 전지의 산화 환원 반응

볼타 전지는 아연 금속과 구리 금속의 반응성의 차이에 따른 산화·환원 반응을 이용하여 전류를 흐르게 만든 장치다. 볼타 전지에서 두 금속 사이에 전류를 흐르게 하는 힘을 기전력 또는 전위차라 하는데 그 크기는 약 1.1V이다.

볼타 전지는 그림처럼 금속 아연과 구리를 전해질인 묽은 황산에 넣고 도선으로 연결하면, 반응성이 큰 아연 금속은 전자를 내놓고 아연 이온(Zn^{2+})이 되어 전해질 속으로 녹아 나오고, 전자는 도선을 따라 반응성이 작은 구리 금속 쪽으로 이동한다. 이때 구리 금속 쪽으로 이동한 전자는 구리 금속과 접하고 있는 전해질 수용액의 수소 이온(H^+)과 반응하여 수소 기체로 환원된다. 양 전극에서 이러한 반응이 계속 일어나면 도선으로 전류가 계속 흐르는 장치다.
볼타 전지의 산화 · 환원 반응은 다음과 같다.

$$Zn(s) + 2H^+(aq) \rightarrow Zn^{2+}(aq) + H_2(g)$$

[산화 전극(-극)] 이온화 경향이 큰 Zn이 산화되어 Zn^{2+}이 되고, 전자를 내놓는다.
[환원 전극(+극)] H^+이 전자를 받아 H_2로 환원된다.

볼타 전지는 구리 금속판 표면에서 수소 기체가 발생하면 수소 기체 기포가 생기면서 전자의 이동이 방해되어 전류가 흐르지 않게 된다. 이를 분극 현상이라 한다.
분극 현상은 이산화망간과 같은 소극제 또는 감극제라고 하는 물질을 넣어 수소 기체를 산화시켜 물로 만들면 해소된다.
볼타 파일, 즉 볼타 전지 발견 이후 화학자들이 이 원리를 적용하여 수많은 전지를 개발했다. 오늘날 우리가 흔히 사용하는 건전지도 볼타 전지의 원리가 적용된 것이다.

생.
각.
거.
리.

물리학자 볼타와 생리학자 갈바니

전지의 발견에 공헌한 이탈리아의 생리학자 갈바니(Luigi Galvani, 1737~1798)와 물리학자 볼타의 업적을 기리기 위해, 두 종류의 금속을 각각 전해질 용액에 넣고 도선으로 연결하여 전기를 흐르게 하는 전지를 갈바니 전지(Galvanic cell) 또는 볼타 전지(Voltatic cell)라 부른다.

1780년, 갈바니는 개구리의 해부 실험 중 두 종류의 금속을 연결해서 죽은 개구리의 발 근육이 경련을 일으켜 움직이는 것을 관찰했다. 그는 개구리 자체에서 전기가 나온 것으로 동물의 신경과 근육에 존재하는 음전하와 양전하의 작용에 의해 전류가 흐른 것이고, 이것을 '동물전기'라고 한 것이다.

그러나 그것은 개구리가 놓인 금속 접시와 여기에 접촉한 다른 금속 사이에 발생한 '금속전기'였다. 볼타가 전기의 근원은 생물에 있는 것이 아니라 종류가 다른 두 금속을 접촉하면 일어난다는 사실을 밝혔고, 최초의 화학 전지를 발명하여 전자기학의 발전에 이바지했다.

생체 기관에 전기가 존재한다는 갈바니의 추정은 틀렸지만 "죽은 개구리의 심장에 전류를 흐르게 하자 심장 근육의 수축이 일어났다"는 갈바니의 관찰 기록은 오늘날 심장 박동의 변화를 측정하여 심장 질환을 진단하는 일, 전기 충격으로 심장박동을 회복시키는 자동제세동기(自動除細動器), 즉 AED(automated external defibrillator) 개발을 통한 응급처치법 등으로 의학 기술 발전에 크게 공헌했다.

AED는 심장충격기로 심장의 기능이 정지하거나 호흡이 멈췄을 때 사용하는 응급 처치 기기다.

비누화 반응

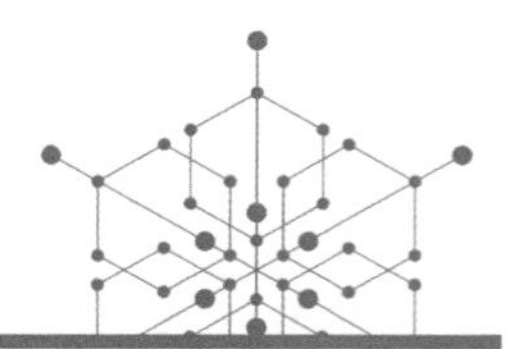

정의 비누를 만드는 반응으로 유지(에스터)에 강염기를 넣고 가열하면 지방산염이 만들어지는데 이를 비누라 하고, 이 반응을 비누화 반응(saponification)이라 한다.

지방산염, 즉 비누의 분자 구조는 친수성과 소수성 성분이 음이온 부분을 구성하고 있고, 여기에 금속 양이온이 붙어 있는 것이다. 비누가 물에 녹으면 이온화되어 음이온과 양이온이 분리되고, 이때 음이온 부분이 세척작용을 한다.

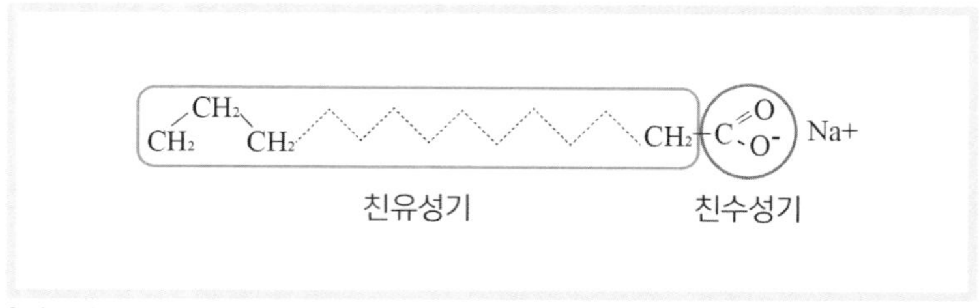

| 비누의 구조

해설 비누화 반응의 주재료인 유지(油脂)는 생물과 광물에서 채취한 기름을 통틀어 이르는 말이다. 유지는 화학적으로 고급 지방산과 글리세롤이 에스터화 반응하여 나오는 에스터이다. 고급 지방산이라 탄화수소의 탄소 사슬을 구성하는 탄소수가 매우 많은 지방산을 일컫는다.

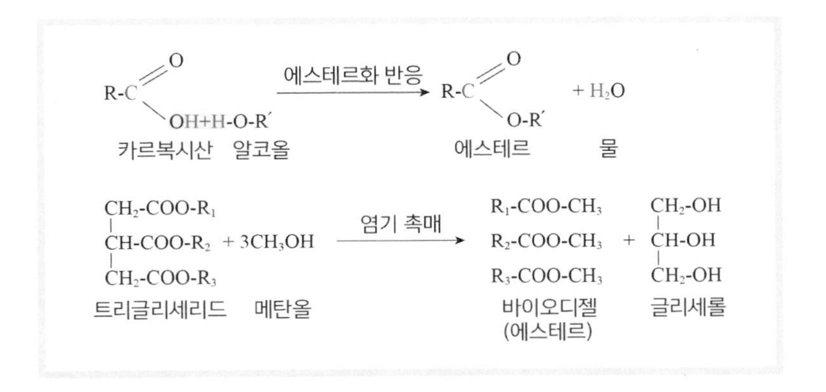

일반적으로 유지는 상온에서 고체 상태인 지방(脂肪, fat)과 액체 상태인 기름(oil)으로 구분하기도 한다. 일상에서 볼 수 있는 흔한 예로, 동물의 피하지방과 내장지방 등은 노란색의 기름덩어리로 고체 상태고, 콩기름, 참기름, 들기름, 올리브유 등은 상온에서 액체 상태다. 상온에서 고체인 동물의 지방 등에는 포화지방산, 식물성 기름 등에는 불포화지방산이 많이 함유되어 있다.

이러한 유지에 강염기인 수산화나트륨(NaOH) 또는 수산화칼륨(KOH)을 반응시키면 유지(에스터)의 에스터 결합이 끊어지고 강염기의 금속 원소가 결합한 지방산염이 생성된다. 이때 생성된 지방산염이 비누다. 생활 속에서 수산화나트륨은 가성소다, 수산화칼륨은 가성가리로 불리기도 한다.

생.
각.
거.
리.

비누의 유래와 역사

비누를 뜻하는 'soap'는 종교 제의가 행해지던 고대 로마의 사포 산(Mount Sapo)에서 유래한다. 비가 오면 사포 산에 쌓인 희생 제물(동물)의 기름과 나무를 태운 재가 섞여 씻겨내려 가면서 세척 기능이 뛰어난 물질이 만들어졌다. 이를 사포(Sapo)로 부른 것인데, 오늘날의 비누(soap)가 된 것이다.

우리나라의 옛 문헌에는 비누에 관한 기록이 없고, 다만 조선시대에 "더러움[陋]을 날려 보낸다[飛]"는 뜻을 가진 물건을 비루(飛陋)라고 불러 오늘날 비누의 어원이 되었다는 이야기만 전한다.

서기전 1500년경, 고대 이집트의 의학 문서에 동물성 기름과 식물성 기름을 알칼리염과 결합하여 비누를 만들었다는 기록이 있다.

비누 제조 기술은 7세기경 유럽에서 확립되었는데 식물성 및 동물성 기름과 나무의 재를 이용하고 향료를 첨가하여 만들었다. 이탈리아, 프랑스, 스페인 등 올리브 오일이 풍부한 나라들이 비누 제조의 중심이 되었다.

18세기까지 비누는 독점권을 가진 극히 일부만이 제조 · 판매할 수 있어서 값비싼 사치품으로 여겨졌다. 그러다가 1791년 프랑스의 화학자 니콜라 르블랑(Nicolas Leblanc, 1742~1806)이 유지와 비누를 만드는 소다회(탄산나트륨)의 대량생산 기술을 개발하여 비누의 대중화가 본격적으로 시작되었다. 1800년대 벨기에의 화학자 에른스트 솔베이(Ernest Solvay, 1838~1922)는 알칼리를 만드는 단가를 대폭 낮춤으로써 비누 제조에 사용되는 소다회의 질과 양을 향상시켰다.

이러한 과학의 발견과 공장을 가동시키는 전기력의 발전으로 1850년대 미국에서 비누 제조업이 크게 성장하면서 비누는 더 이상 사치품이 아닌 일용품이 되었다. 이후 현대 비누 제조 기술의 발달로 석유 성분인 알킬벤젠을 획기적으로 개량한 ABS 계(알킬벤젠술폰산염) 합성세제를 만들어 일반 가정에 보급되게 되었다.

화학이 발달하면서 광물성 기름인 석유를 이용하여 만든 합성세제는 비누와 같은 계면활성제다. 지방이나 기름을 원료로 만드는 비누보다 더 강력한 계면활성제로 세척효과가 매우 크며 값싼 석유를 재료로 생산하므로 대량생산을 통해 가정에서 쉽게 사용할 수 있게 보급되었다.

비누나 세제는 기본적으로 분자의 특성 및 기능으로 분류하면 모두 계면활성제다. 화학의 발달로 계면활성제의 합성 및 활용 범위는 더욱 확대되어 샴푸, 화장 지우는 클렌징 폼, 치약, 주방세제, 하수구 세척제 등 용도나 세척력을 달리하여 다양한 제품으로 생산되고 있다.

화장을 지우는 클렌징 화장품은 물속에 지방산을 포함한 기름 등을 섞고 계면활성제를 첨가하여 안정화시킨 제품이다.

산

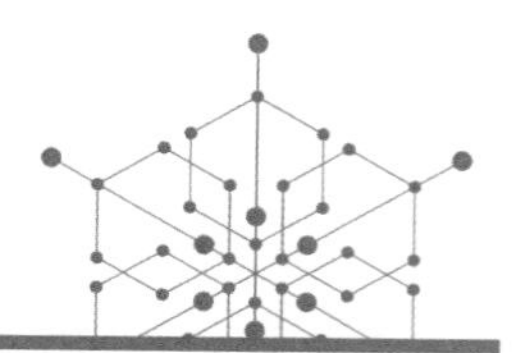

정의 산(acid, 酸)의 정의는 화학의 발전에 따라 변화해왔다. 산에 대한 최초의 정의는 스웨덴의 화학자 아레니우스가 "산이란 수용액에서 이온화되어 수소이온(H^+)을 내어놓아 산성의 성질을 나타내는 물질"이라고 한 것이다. 이는 산에 대한 가장 기본적인 정의로, 수용액 속의 수소이온(H^+)의 농도를 나타내는 pH(수소 이온 농도 지수)가 7미만인 물질을 의미한다. 이후 산의 성질을 나타내는 물질의 종류가 많이 발견되고 보다 포괄적인 성질을 설명해야 할 필요에 따라 브뢴스테드-로우리의 정의, 루이스의 정의 등으로 확대되어왔다.

산의 일반적인 성질은 신맛이 나고, 반응성이 큰 금속과 반응하여 수소 기체를 발생시킨다.

산의 대표적인 예로는, 강산인 염산(HCl), 황산(H_2SO_4), 질산(HNO_3), 약산인 아세트산(CH_3COOH), 탄산(H_2CO_3), 인산(H_3PO_4) 등이 있다.

해설

✔ 아레니우스의 정의

산에 대한 정의는 염기와 함께 비교하면서 설명하는 것이 일반적이다. 스반테 아레니우스(Svante Arrhenius)는 "물에 녹아 수소이온(H^+)을 내놓는 물질은 산(acid)이고, 물에 녹아 수산화이온(OH^-)을 내놓은 물질을 염기(base)"라 정의한다. 아레니우스의 정의는 수용액 상태의 산에 대한 정의라고 할 수 있다. 염산과 황산이 물에 녹아 수소이온(H^+)을 내놓은 화학 반응식은 다음과 같다.

$$HCl \rightarrow H^+ + Cl^-$$

$$H_2SO_4 \rightarrow 2H^+ + SO_4^{2-}$$

✔ 브뢴스테드-로우리의 정의

1923년 덴마크의 화학자 브뢴스테드(Johannes Nicolaus Brønsted)와 영국의 화학자 로우리(Thomas Martin Lowry)는 "물에 녹아 수소이온(양성자, H^+)를 주는 물질을 산이라 하고, 수소 이온(양성자, H^+)를 받는 물질은 염기"라고 정의했다. 브뢴스테드-로우리의 산은 아레니우스의 산과 크게 다르지 않다.

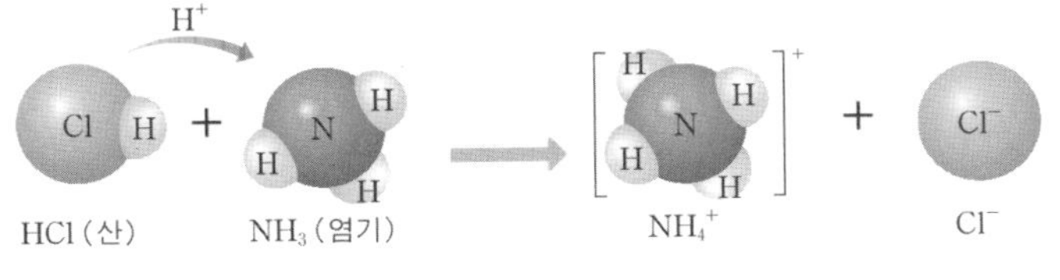

H^+

HCl (산) + NH_3 (염기) → NH_4^+ + Cl^-

브뢴스테드-로우리의 산-염기는 상대적 개념이므로 어떤 물질은 염기가 있어야 산으로서 작용하며, 마찬가지로 산이 있어야 염기로 작용할 수 있다. 또한 산성 물질은 양성자를 잃어 산의 짝염기인 염기를 만들고, 염기성 물질이 양성자를 얻으면 염기의 짝산인 산을 만든다.

짝산 — 짝염기

$$\underset{\text{산 1}}{HCl(aq)} + \underset{\text{염기 2}}{H_2O(l)} \rightleftharpoons \underset{\text{염기 1}}{Cl^-(aq)} + \underset{\text{산 2}}{H_3O^+(aq)}$$

짝산 — 짝염기

짝산 — 짝염기

$$\underset{\text{염기 1}}{NH_3(aq)} + \underset{\text{산 2}}{H_2O(l)} \rightleftharpoons \underset{\text{산 1}}{NH_4^+(aq)} + \underset{\text{염기 2}}{OH^-(aq)}$$

짝산 — 짝염기

루이스의 정의

화학자 루이스(Gilbert Newton Lewis)는 "비공유 전자쌍을 받는 물질을 산, 비공유 전자쌍을 주는 물질을 염기"라고 정의했다. 다음과 같은 반응으로 이해할 수 있다.

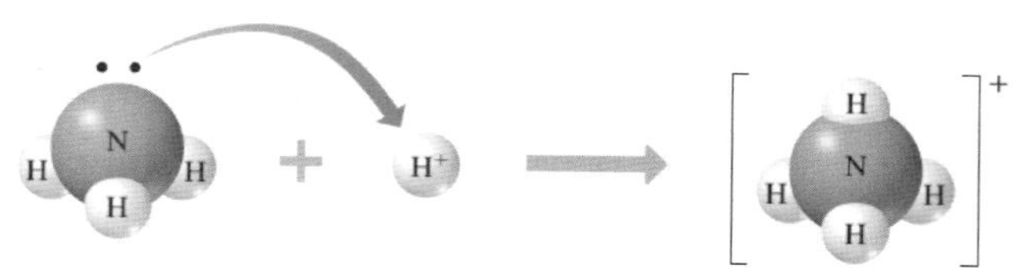

루이스의 정의는 아레니우스의 정의와 브뢴스테드-로우리의 정의보다 더욱 포괄적인 정의지만 모든 산, 염기를 설명할 수 있는 것은 아니다.

산은 우리 주변에서 쉽게 찾을 수 있는 것부터 종류는 산의 성질을 나타내는 세기에 따라 강산과 약산으로 구분한다.

산의 세기를 판단하는 방법은 금속과의 반응성 관찰, 산의 이온화도, 이온화 상수값 측정 등으로 판단할 수 있다. 산은 종류에 관계없이 공통적으로 반응성이 큰 금속과 반응하여 수고 기체를 발생시키는데 수용액의 농도, 온도가 같은 조건에서 금속과 활발하게 반응하는 것을 강한 산성을 띠는 것이다. 금속과의 반응성의 세기는 산이 수용액에서 이온화하는 정도가 다르기 때문이므로 전기 전도도로 비교할 수도 있다. 강산은 이온화도가 거의 1에 가깝고, 약산일수록 이온화도가 작다.

생.
각.
거.
리.

강산인 염산(HCl)과 염화수소(HCl)의 차이

우리는 강한 산성을 띠는 대표적인 물질의 사례로 염산을 이야기 한다. 염산을 화학식으로 쓰면 HCl인데, 염화수소 기체를 화학식으로 쓸 때도 마찬가지로 HCl이라 쓴다. 그러면 HCl이라 쓰는 염산과 염화수소는 어떻게 다른 걸까? 염화수소는 수소 원자와 염소 원자가 공유결합으로 생성된 분자고, 이 분자는 상온에서 기체 상태의 물질인데 이 염화수소 기체를 물에 용해시켜 만든 수용액이 염산이다.

생활에서 산과 염기를 포함한 물질 찾기

산과 염기는 우리 생활에서 쉽게 찾을 수 있다. 다양한 동물성·식물성 산을 자연에서 쉽게 얻을 수 있고, 또는 곡식이나 열매의 탄수화물을 발표시켜 여러 가지 산을 만들 수도 있다.

과일이나 열매에 흔히 들어 있는 시트르산(레몬, 오렌지 등), 사과 속에 들어 있는 사과산(말산), 포도산은 타르타르산 또는 주석산이라 하며 곡식이나 과일을 발효시켜 얻는 식초의 주성분은 아세트산이다. 개미나 벌이 쏠 때 내뿜는 물질 성분 또한 산성을 띠는 물질로 주성분은 포름산(HCOOH)이다. 이 밖에 공업용으로 많이 사용하는 황산(H_2SO_4)은 자동차용 배터리의 물질로 이용하는 매우 강한 산성을 띠는 물질이다.

염기가 포함된 물질로 우리 생활에서 흔히 사용하는 것에는 소다(탄산수소나트륨), 주방용 세제(탄산나트륨), 제산제(수산화알루미늄) 등이 있다.

석탄

정의 석탄(石炭, coal)은 지질시대에 식물이 땅 속에 묻혀 열과 압력의 영향을 받아 탄화(炭化)되어 생성된 광물이다. 식물을 구성하는 셀룰로오스의 주성분인 탄소(C), 수소(H), 산소(O) 등이 땅 속에 묻혀 일정한 열과 압력을 받아 수소와 산소 등은 빠져나가고 탄소만 주로 남아 있는 탄화 과정으로 생성된 것이 석탄이다.
석탄은 주성분이 탄소이고, 소량의 수소, 산소 등 다양한 원소들이 수분 및 휘발성 물질들로 섞여 있다.

해설 지질시대(40억 년 전 무렵 지각이 만들어진 때부터 인류가 역사를 기록하기 시작한 약 1만 년 전까지)에 시간이 흐르면서 지각은 매우 큰 변동이 일어났다. 지표면에 번성했던 식물과 동물이 땅 속에 묻히고 그 위에 다시 퇴적층이 만들어지고 오랫동안 열과 압력을 받는 동안 수소와 산소 성분은 날아가고 주로 탄소만 남게 되는 변화가 일어난다. 이것이 석탄이 만들어지는 과정이다.

지각변동 등으로 식물이 흙,
모래더미와 함께
습지에 가라앉아 묻힘

그 위에 다시 퇴적층이
만들어지면서 오랫동안
열과 압력을 받음

수소와 산소가 날아가고
탄소만 남음

이와 같이 석탄이 만들어지려면 다음과 같은 환경이 충족되어야 한다.

1. 퇴적층이 조성되어야 한다.
2. 지질시대에서 육상식물이 번성해야 한다.
3. 땅속에 식물이 대량 묻혀야 한다.
4. 열과 압력이 땅 속에서 식물이 변성되어야 한다.

생.
각.
거.
리.

석탄의 종류

석탄의 종류는 탄화 정도에 따라 휘발 성분, 고정 탄소, 발열량 등이 다른데 토탄(土炭, peat), 갈탄(褐炭, lignite), 역청탄(瀝青炭, bituminous coal), 무연탄(無煙炭, anthracite)으로 구분할 수 있다.

토탄

토탄은 퇴적된 후 탄화 시간이 오래되지 않아 완전히 탄화되지 못한 석탄이다. 식물이 퇴적되어 만들어지므로 부분적으로 부패한 식물이 포함되어 있다. 육안으로도 식물의 구조를 확인할 수 있다. 직접 연료로 사용할 수도 있지만 열량이 낮아 연탄의 원료로 사용된다. 전체 화학 성분 중 탄소 성분은 70% 이하, 수분이 20~30% 정도 함유되어 있다.

갈탄

갈탄은 갈색을 띠는 석탄으로 탄소의 함량은 25~35%이다. 석탄의 종류 중에서 탄화도가 낮은 석탄으로, 수분 함량이 66% 이상이며 재의 성분이 높다.

아역청탄

흑갈탄(black lignite)이라고도 하는데, 갈탄과 유연탄 사이의 중간 등급으로 적갈색 또는 흑색을 띠는 석탄이다. 갈탄보다는 훨씬 단단하며 비교적 발열량이 낮지만 황 함량이 매우 낮아 연소 후 환경오염 물질인 이산화황의 발생량이 적어 석탄을 사용하는 곳에서 소비량이 많아지고 있다.

유연탄(역청탄)

무연탄과 비교하여 설명하는 석탄으로, 휘발성 물질을 많이 포함하고 있어 연소시킬 때 화염과 노란 연기를 발생시킨다. 휘발성 물질이 14% 이상 포함되어 있고, 발열량이 커서 화력발전소에서 연료로 사용되나 황 함유량이 커서 연소 후 발생하는 이산화황이 많다. 이는 공기 중에서 수분과 반응하여 산성비, 수질오염 등과 같은 환경문제의 원인이 된다.

무연탄

식물의 석탄화 작용이 가장 오래 진행된 고체 화석 연료로 흑색의 금속광택이 나는 단단한 석탄이다. 유연탄보다 탄화도가 많이 진행되어 휘발성 물질이 3~7% 정도이고, 고정탄소의 함량이 85~95% 정도로 높다. 무연탄은 유황 성분이 적고 천천히 타기 때문에 연탄을 만들어 난방용으로 사용했다. 고체 연료이므로 불을 붙이는 것이 쉽지 않지만 일단 불이 붙으면 연기 없이 파란 불꽃을 내며 탄다. 그러나 불완전 연소가 일어날 땐 일산화탄소 가스가 발생하여 연탄가스 중독 사고의 원인이 되기도 한다.

석탄의 생성 시기

지질시대에 육상에 식물이 나타나 번성하기 시작한 것은 고생대(古生代) 중엽의 데본기(devonian)이고, 이 시기의 육상식물이

지각변동으로 땅속에 묻히게 되어 다음 시기의 석탄기(石炭紀)에 생성된 석탄은 세계 각지에서 발견된다. 우리나라의 주요한 석탄층은 석탄기 다음 시대인 페름기(permian)에 생성된 것들로 알려져 있다.

엔트로피

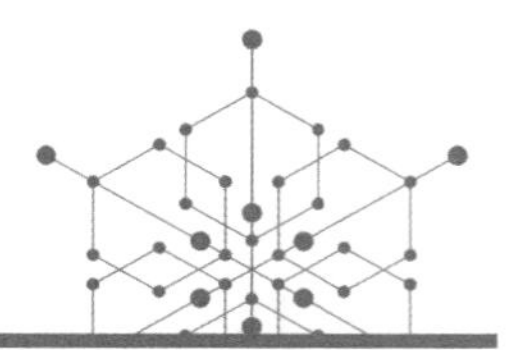

정의 엔트로피(entropy)는 물질이 변화되는 경향성을 설명하는 개념인 '무질서도의 척도', 즉 '무질서한 정도'를 의미한다. 엔트로피는 기호 S로 표시한다.

해설 물질의 물리적 · 화학적 변화를 설명하기 위해 도입된 개념으로 우리말로 '무질서도' 또는 '무질서한 정도의 척도'라 한다. 물질은 같은 물질이어도 상태에 따라 무질서도가 같지 않다. 고체보다는 액체, 그보다는 기체 상태일 때의 무질서도가 더 크다. 이는 그 물질을 이루는 분자 배열의 무질서한 정도로 비교하면 이해가 쉽다. 생활 속에서의 현상도 적용해볼 수 있다.
학교에 등교하여 아침에 자리에 앉아 처음 출석을 확인하는 시점엔 줄이 맞춰진 상태로 정돈된 교실 환경이지만, 시간이 지나면서 쉬는 시간에 자리에서 일어나 움직이고, 특히 점심시간에 자유로이 친구들과 모여서 밥도 먹는 등 하루 종일 활동하고 오후가 되면 아침과는 많은 차이가 나도록 어지럽혀지고 책걸상도 흐트러진 상태가 된다. 아침의 정돈된 교실 환경은 무질서도가 작은 상태이고, 오후에 흐트러진 교실 환경은 무질서도가 매우 커진 상태로 비유할 수 있다. 물질의 변화는 대부분 무질서도가 증가하는 방향, 즉 엔트로피(S)가 증가하는 방향으로 진행된다.
향수병을 열어두면 향기를 가진 분자가 증발하여 스스로 움직여 퍼져 나가는데, 이는 향수병 속에 모여 있을 때보다 무질서한 상태가 된다.

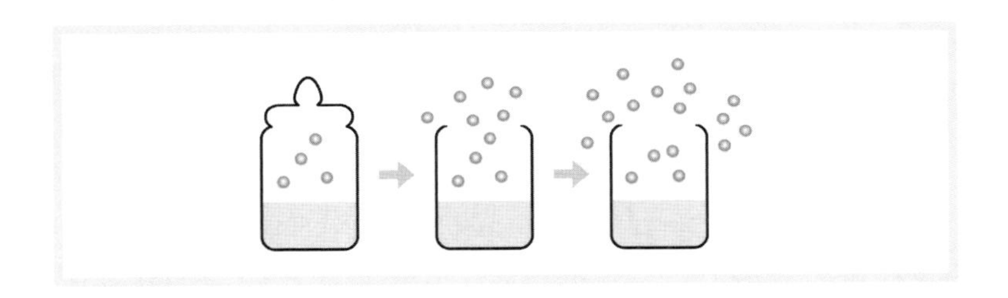

고체 상태의 아이스크림을 실온에 놓아두면 저절로 녹는 현상이나 물에 설탕을 넣고 저어주지 않아도 저절로 녹아들어 가는 현상은 모두 엔트로피(S)가 증가하는 현상의 예다. 이러한 변화는 주위에서 어떠한 도움을 주지 않아도 저절로 일어나는 자발적 반응이다. 자발적인 변화가 일어날 때 무질서도, 즉 엔트로피(S)가 증가한다.

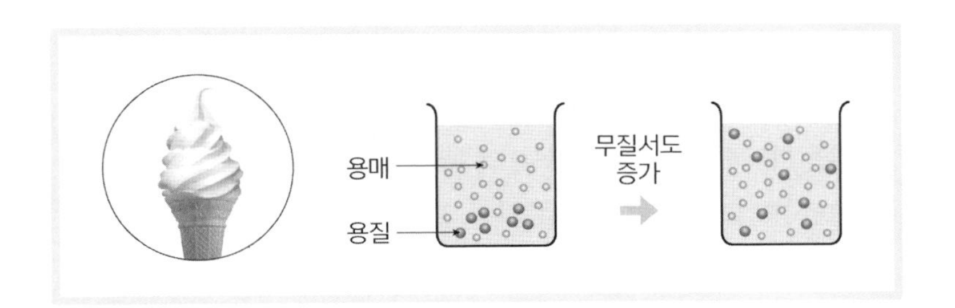

이렇게 엔트로피(S)가 증가하는 방향의 변화는 저절로 쉽게 일어날 수 있지만 엔트로피(S)가 감소하는 역반응은 비자발적 변화이므로 일어나기가 어렵다.

무질서도가 증가하면 엔트로피(S)가 증가하는 것이므로 어떤 반응의 엔트로피 변화(ΔS)는 쉽게 예측할 수 있다. 어떤 반응에서 엔트로피 변화(ΔS)는 최종 상태의 엔트로피에서 초기 상태의 엔트로피를 뺀 값이다. $\Delta S = S_{최종} - S_{초기}$이다.

어떤 반응의 엔트로피 변화(ΔS)를 측정하여 반응이 자발적일지, 비자발적일지, 반응의 방향을 설명할 수 있다.

생.각.거.리.

열역학 제2법칙

무질서도, 즉 엔트로피 개념을 이용하면 고립계에서 자발적 변화의 방향을 설명할 수 있다. 우주는 물질과 에너지가 출입할 외부가 없는 고립계다. 그러므로 우주 안에서 자발적 변화가 일어날 때 엔트로피(S)가 증가한다.

우주에서 일어나는 모든 현상은 자발적인 변화에 따른 것이므로 우주의 엔트로피(S)는 끊임없이 증가한다. 이것이 열역학 제2법칙이다.

물질의 변화 과정에서는 에너지 변화가 일어난다. 에너지는 일을 할 수 있는 능력이라 정의되는데, 물질의 변화 과정은 에너지의 종류가 형태나 성질이 변하면서 일부는 일을 할 수 없는 에너지로 변화된다. 이때 일을 할 수 있는 에너지를 엔탈피(H)라 하고, 일을 할 수 없는 에너지를 엔트로피(S)라 한다.

어떤 형태의 에너지를 이용하여 일을 하면 그 과정에서 에너지의 전환이 일어난다.

이때 전환된 에너지의 총량은 일정하지만 전환된 에너지 중에서 일을 할 수 없는 형태의 에너지로 전환되는 현상이 일어난다. 즉, 엔트로피가 증가하는 방향으로 변화된다.

예를 들면, 연료라는 화학 에너지를 자동차 엔진(열기관)에서 연소시켜 자동차를 움직이게 하는 경우, 에너지 전환을 살펴보면 엔트로피가 증가하는 변화가 일어나는 것을 알 수 있다.

화학 에너지인 연료는 연소 과정을 거치면서 열에너지로 전환되는데, 이때 열에너지는 운동에너지로 전화되어 자동차를 움직이게 하지만 일부 열에너지는 밖으로 방출되어 빠져 나간다. 이 과정에서 또한 운동에너지의 일부는 엔진이 돌아갈 때의 소리에너지로도 전환된다. 방출되는 열에너지, 소리에너지 들은 에너지로 분류할 수 있지만 일을 하는 데 쓰기에는 부적합하다. 엔진에서 발생하는 소리에너지나 밖으로 빠져나와 차 보닛을 가열한 열에너지는 자동차를 움직이는 운동에너지로 다시 쓰이지 못한다.

엔진에서 일어나는 에너지 변화는 점점 일을 하기에 부적합한 형태의 에너지, 즉 엔트로피가 증가하는 방향으로 진행된다.

염기

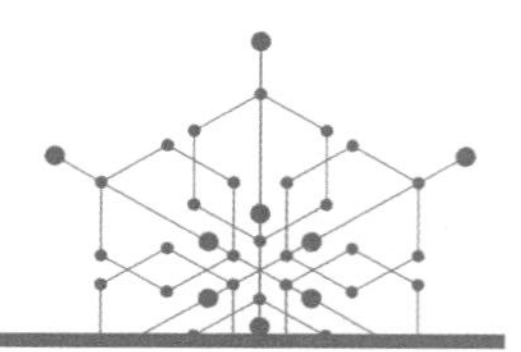

정의 염기(鹽基, base)는 강한 염기성의 성질을 나타내는 물질이다. 염기는 수용액에서 이온화되어 수산화 이온(OH^-)을 내놓아 염기성의 성질을 나타낸다.

해설 염기의 종류는 염기의 성질을 나타내는 세기에 따라 강염기와 약염기로 구분한다.

염기의 세기를 판단하는 방법은 염기의 이온화도, 이온화 상수값 측정 등으로 판단할 수 있다. 이온화도 및 이온화 상수가 큰 염기는 강염기이며, 강염기는 수용성으로 수용액 상태에서 이온화도가 거의 1인 염기다. 특히 물에 잘 녹는 염기를 알칼리라 한다. 염기는 종류에 관계없이 공통으로 단백질을 녹이는 성질이 있다. 비눗물과 같은 약염기 수용액을 손가락으로 묻힌 후 비벼보면 미끈미끈한데, 이는 단백질로 된 피부 각질 등이 녹아서 느껴지는 현상이다. 강염기 수용액은 강한 부식작용으로 피부를 녹여 화상을 입히므로 절대 사용하지 않도록 한다.

| 염기의 이온화도(25℃, 0.1M) |

강염기	이온화도	약염기	이온화도
NaOH (수산화나트륨)	0.92	NH_4OH (암모니아수)	0.013
KOH (수산화칼륨)	0.92	$Mg(OH)_2$ (수산화마그네슘)	0.0017

생.각.거.리.

암모니아(NH_3)는 인체에 무해할까?

염기 종류에 따라 성질의 차이를 알아보기 위해 염기의 종류를 강염기, 약염기로 분류한다. 약염기로 분류된다고 해서 반드시 인체에 무해한 것은 아니라는 사실을 알아야 한다. 암모니아(NH_3)는 상온에서 무색의 자극성 강한 기체로, 물에 녹은 수용액은 암모니아수 또는 수산화암모늄이라 한다. 암모니아 기체는 물에 대한 용해도가 매우 높은 편으로 시판되는 진한 암모니아수는 약 36% 정도다. 이 수용액은 피부 및 피부 점막 등에 직접 닿으면 부식이 일어나므로 매우 위험하다.

오비탈

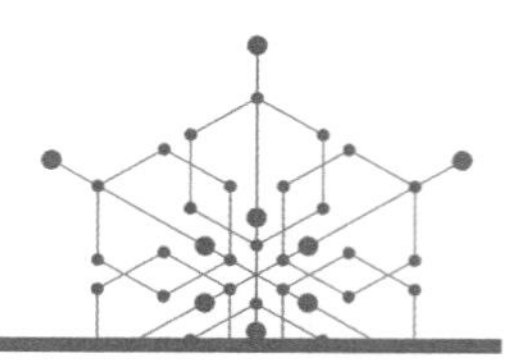

정의 오비탈(orbital)은 원자 내에서 전자가 발견될 수 있는 확률적 분포 또는 공간을 나타내는 함수다. 정확하게 위치를 알 수 없는 전자의 위치를 슈뢰딩거 방정식으로 계산하여 나타낸 확률 밀도로 나타낸 공간이다.

해설 오비탈의 영단어 orbital은 언어학적으로 분석하면 orbit(궤도)+ al(-스러운)의 합성어로 "궤도와 같은"이라는 뜻을 가진다. 실제 궤도(orbit)는 아니지만 그와 매우 비슷한 형태와 특징을 나타낸다는 것이다. 우리말로는 전자구름, 원자 궤도함수, 원자 파동함수 등으로 풀이된다.

원자 모형 중 보어 모형(궤도 모형)을 기반으로 발전시킨 것으로 현대적 모형을 설명할 때 전자가 존재할 위치를 확률적 분포로 나타낸 것을 말한다.

원자 속에 들어 있는 전자는 원자핵에서 일정하게 떨어진 위치에서 일정 에너지를 갖고 운동성을 가지고 있다. 그러나 전자는 질량이 매우 작은 입자로 파동의 성질을 가지므로 시간에 따른 위치와 운동량을 정확하게 알 수 없고, 특정한 위치에서 전자가 발견될 수 있는 확률만 방정식을 이용한 계산으로 나타내는데, 이 전자의 위치인 확률 분포의 공간을 오비탈이라 한다. 전자가 존재할 확률적 위치는 슈뢰딩거 방정식을 이용하여 계산한다.

원자핵을 중심으로 전자가 존재할 위치의 확률적 분포를 점으로 나타낼 수 있는데, 확률이 큰 곳은 점을 많이 찍고 확률이 적은 곳은 점을 적게 찍어 점밀도로 표현할 수 있다.

오비탈의 종류는 모양에 따라 분류하면 공 모양의 s 오비탈, 흔히 아령 모양으로 비유하여 설명하는 p 오비탈, 그 밖의 다소 복잡한 모양의 d 오비탈, f 오비탈이 있다.

s 오비탈은 공 모양이다. 1s, 2s, 3s 오비탈 모두 구형으로 핵으로부터 거리가 같은 곳에서 전자가 발견될 확률은 방향과 관계없이 모두 같다. 2s 오비탈은 1s와는 다르게 전자가 발견될 확률이 0인 공간이 존재하며, 이를 기준으로 높은 확률의 공간으로 나뉘어 있다. 확률이 0인 공간을 마디표면 혹은 마디라고 부른다. 마디의 수는 n값이 커질수록 많아진다. s 오비탈의 마디 수는 n-1이다.

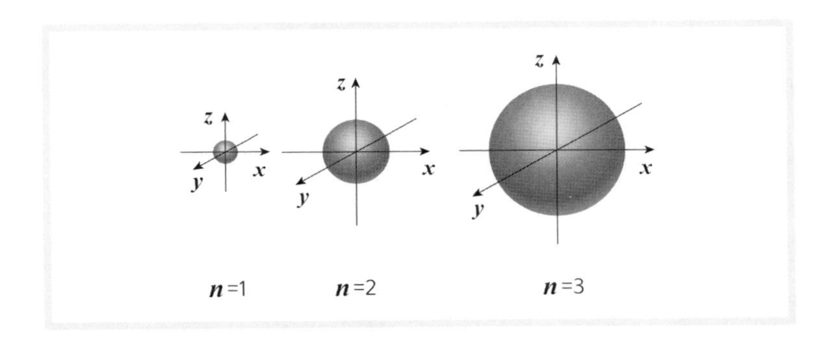

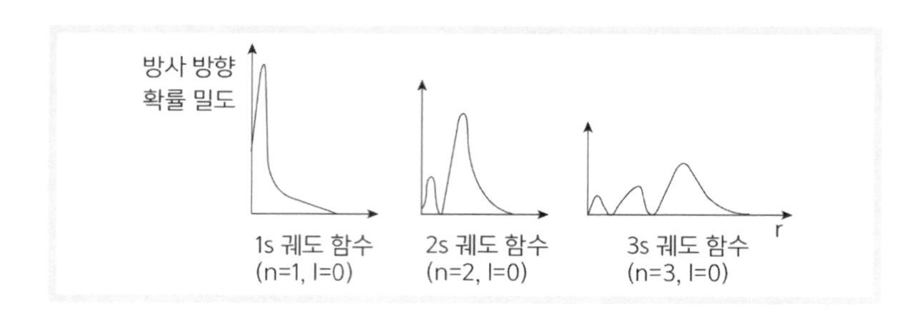

p 오비탈은 흔히 아령 모양이라고 설명하지만 또 다른 비유로 설명하면 풍선 두 개를 마주 보게 묶은 모양이라고 할 수 있다. x축, y축, z축에 놓여 있는 P_x, P_y, P_z 3개의 오비탈이 있는데, p오비탈은 핵으로부터의 거리가 같아도 방향에 따라 전자가 발견될 확률이 다르기 때문에 방향성이 있다고 설명한다.

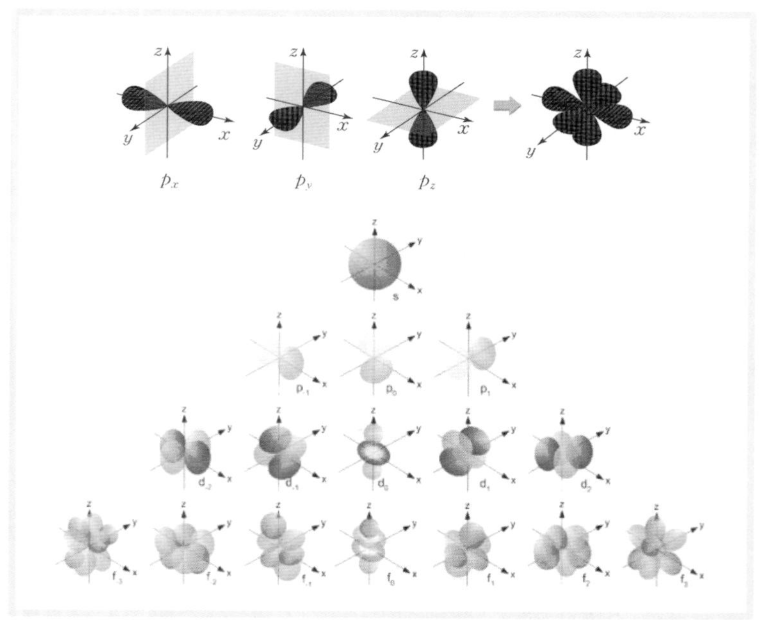

수소 원자의 오비탈 모형

오비탈의 개수는 주양자수에 따라 다르다. 즉, 전자껍질의 종류에 따라 오비탈의 종류와 개수는 다르다. 각 전자껍질에는 주양자수가 같은 오비탈들이 있으며, 오비탈을 표시할 때는 주양자수와 오비탈의 종류를 함께 표시하여 나타낸다.

전자껍질	K	L	M	N
주양자수(n)	1	2	3	4
오비탈	1*s*	2*s*, 2*p*	3*s*, 3*p*, 3*d*	4*s*, 4*p*, 4*d*, 4*f*

같은 전자껍질 속에 존재하는 오비탈의 수는 s 오비탈 1개, p 오비탈 3개, d 오비탈 5개, f 오비탈 7개다.

오비탈은 종류에 따라 특정 에너지를 갖는데, 이를 에너지 준위라 하고 수소 원자와 다전자 원자로 구분하여 설명한다.

수소 원자의 오비탈 에너지 준위는 주양자수(n)에 의해서만 결정된다. 즉, 주양자수가 같은 오비탈은 종류와 상관없이 모두 에너지 준위가 같다. 에너지 준위는 $1s < 2s = 2p < 3s = 3p = 3d < 4s = 4p = 4d = 4f < \cdots\cdots$이다.

그러나 다전자 원자의 오비탈 에너지 준위는 주양자수뿐만 아니라 오비탈의 종류도 에너지 준위를 결정한다. 에너지 준위는 $1s < 2s < 2p < 3s < 3p < 4s < 3d < 4p < \cdots\cdots$이다.

생.
각.
거.
리.

전자구름 모형

전자구름 모형과 같은 "오비탈 개념을 도입한 현대적 원자 모형"이 나오기 전까지는 보어가 제안한 궤도 모형으로 원자 내부의 전자를 설명했다. 보어의 원자 모형은 시간에 따른 전자의 위치와 운동량을 정확히 측정할 수 있다는 고전 역학을 근거로, 주양자수에 의해 계산되는 특정 에너지 준위의 궤도, 즉 전자껍질에 전자가 들어 있다고 설명되었다.

그러나 하이젠베르크(Werner Karl Heisenberg, 1901~1976)는 전자와 같이 질량이 매우 작은 입자는 파동성도 가지므로 전자의 위치와 운동량을 동시에 정확히 측정할 수 없다(불확정성의 원리)고 설명한다. 전자와 같이 질량이 매우 작은 입자는 파동성도 갖기 때문에 전자의 위치와 운동량을 동시에 정확히 측정할 수 없다는 것이다. 그러므로 특정한 위치에서 전자가 발견될 수 있는 확률만 알 수 있다. 이와 같이 전자가 존재할 수 있는 확률적 분포를 점으로 그려 나타낸 모형이 오비탈 모형이고, 이렇게 그린 전자의 분포가 오비탈에 따라 구름처럼 보이므로 전자구름 모형이라고 한다.

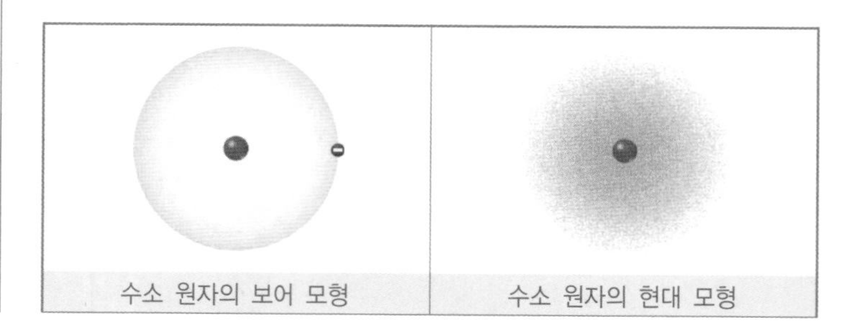

수소 원자의 보어 모형 | 수소 원자의 현대 모형

용해도

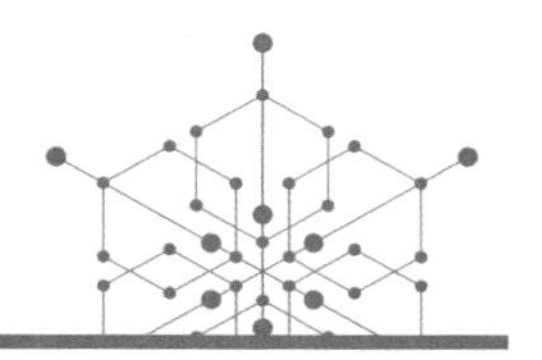

정의 용해도(溶解度, solubility)는 어떤 물질이 용매에 얼마나 잘 녹는지를 나타내는 값이다. 이를 나타내는 방법은 어떤 온도에서 용매 100g에 최대한 녹는 용질의 질량으로 나타내고 단위는 그램(g)이다.

해설 용해도는 용매에 녹는 용질의 양을 나타내는 값으로, 일반적으로 용매 100g에 최대로 녹을 수 있는 용질의 그램 수로 정의한다.
용질의 종류에 따라 같은 용매에 녹는 정도를 비교하여 용질의 성질을 파악하는 데 이용할 수 있다. 용해도는 용질의 종류뿐 아니라 용질의 상태가 고체인 경우와 기체일 때 큰 차이를 나타낸다.
용해도는 용질과 용매의 종류에 따라 달라지는데, 고체의 용해도는 압력의 영향은 거의 받지 않으나 온도의 영향은 크게 받는다. 기체의 용해도는 온도뿐 아니라 압력의 영향에 따라 크게 달라진다.

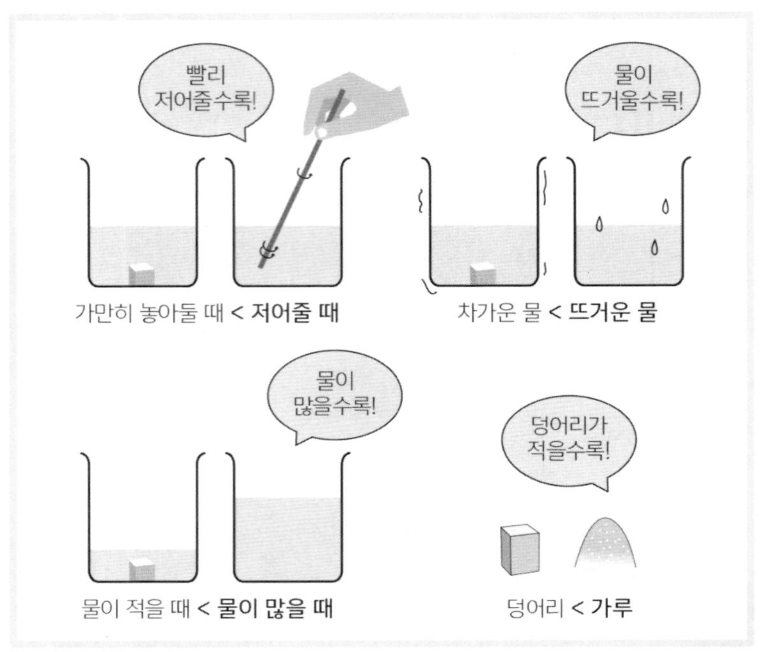

| 고체 빨리 녹이기

고체의 용해도는 온도가 높을수록 증가하는 경향이 대부분이다. 가장 쉬운 예를 들면 고체 설탕을 물 100g에 녹일 때 물의 온도가 높을수록 잘 녹는다. 이러한 고체의 용해도 현상은 평형 이동을 설명하는 '르샤틀리에 원리'로 설명할 수 있다.

르샤틀리에 원리는 화학 반응이 평형 상태에 있을 때 온도, 농도, 압력의 변화를 주면 그 주어진 변화를 없애는 방향으로 반응이 진행되어 새로운 평형 상태가 되는 것이다.

용해 과정이 흡열 과정 반응인 경우에 온도를 높이면 온도를 낮추는 반응, 즉 흡열 반응이 진행되어 용해 반응이 일어나므로 용해도가 증가한다. 온도를 낮추면 반대로 열을 방출하는 발열 반응인 용질

석출 반응이 일어나므로 용해도는 감소한다. 용해 과정이 발열 과정인 경우는 반대가 된다. 따라서 고체의 용해도를 나타낼 때는 용매의 종류와 온도를 반드시 표시해야 한다.
설탕의 용해 과정을 르샤틀리에 원리로 설명해보자.
고체 상태의 설탕이 물에 녹는 용해 과정을 보면 설탕은 같은 질량의 물에 녹을 때 차가운 물보다는 뜨거운 물에 더 많이 녹는다. 설탕은 용매의 온도가 높을수록 용해도가 큰 물질이다. 즉, 용해 과정이 엔탈피가 증가하는 반응이다.
설탕의 용해 과정에서 온도를 높이면, 르샤틀리에 원리에 따라 반응은 온도를 낮추는 방향, 즉 가열하는 열을 흡수하는 반응이 일어나는데 이는 설탕이 용해되는 반응이다. 그러므로 온도가 높아질수록 설탕의 용해도는 증가한다.
용해 과정이 발열 반응인 경우에는 온도가 높아지면 평형이 녹지 않는 방향의 반응으로 이동되어 용해도는 감소한다.

가로축을 온도, 세로축을 용해도로 하여 어떤 물질의 온도와 용해도 관계를 나타낸 그래프를 용해도 곡선이라 한다. 즉, 용매 100g에 용질을 넣어 녹일 때 최대로 녹을 수 있는 용질의 질량(g)인 용해도 값을 온도에 따라 나타낸 그래프다.

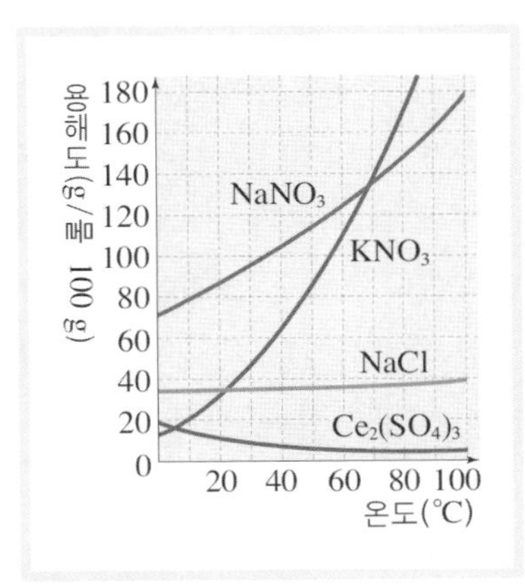

ㅣ물에 대한 고체의 용해도 곡선

일반적으로 대부분의 고체 물질은 온도가 높아질수록 용해도가 증가한다. 이는 대부분의 고체 물질이 액체에 용해될 때 열을 흡수하는 흡열 과정이므로 온도가 높아지면 용해도가 증가하는 것이다. 그러나 물질의 종류에 따라 온도가 높아져도 용해도의 차이가 크지 않거나 오히려 온도가 높아질수록 용해도가 작아지는 물질도 있다. 예를 들어 염화나트륨($NaCl$)은 물의 온도가 높아지면 용해도가 커지기는 하나 그 차이가 매우 작은 것을 볼 수 있고, 황산세슘(Cs_2SO_4)은 물에 용해될 때 열을 방출하는 발열 과정의 반응을 나타내는 물질이므로 온도가 높아질수록 용해도가 감소한다.

기체의 용해도는 기체의 종류와 온도, 압력에 따라 크게 다르다. 기체의 물에 대한 용해도를 비교하면, 물과 같은 성질인 극성 분자들의 용해도는 큰 편이고, 무극성 분자들의 용해도는 작은 편이다. 또한 같은 기체라도 물의 온도가 높은 때와 물의 온도가 낮은 때를 비교할 수 있는데, 기체의 용해도는 물의 온도가 낮을수록 크다. 기체가 물에 녹는 과정은 기체 상태에서 액체 상태로 되는 것과 유사하다. 에너지 변화 과정으로 보면 에너지가 큰 기체 상태에서 에너지가 작은 액체 상태로 변하는 것이므로 용해 과정에서 에너지를 방출한다. 즉, 에너지를 방출해야 용해가 된다. 기체의 용해 과정은 발열 반응이므로 용해가 잘 일어나게 하려면 방출하는 열을 빨리 식혀줘야 해서 찬물일수록 잘 녹는다. 그러므로 온도가 낮은 용매일수록 기체 분자가 잘 녹을 수 있는 조건이 된다.

생활 속에서 기체의 용해도에 대한 원리로 설명할 수 있는 사례는 여러 가지가 있다. 사이다는 물에 설탕 등 여러 가지 맛을 내는 첨가물을 넣고 이산화탄소를 높은 압력으로 가하여 녹인 탄산음료다. 압력을 가하는 이유는 기체의 용해도는 물의 온도뿐 아니라 기체의 압력에 따라 다른데, 압력이 높을수록 용해도가 커지기 때문이다.

이러한 탄산음료의 뚜껑을 열고 차가운 냉장고에 넣었던 것과 실온에 두었던 것을 비교해보면 실온에 두었던 사이다는 맛이 없다. 이는 탄산음료에 녹아 있던 이산화탄소가 빠져나가 맛이 밋밋해졌기 때문이다.

이처럼 기체의 용해도는 물의 온도가 높으면 낮아지고 물의 온도가 낮을수록 용해도는 커진다.

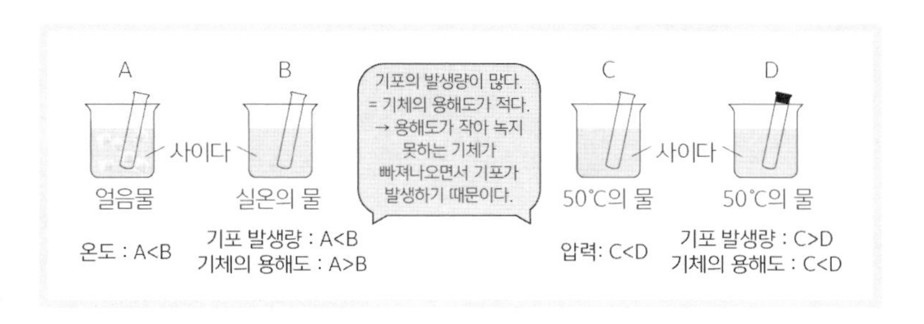

용해도

생.각.거.리.

물고기가 수면 위로 올라오는 이유

여름철에 개울이나 저수지에서 물고기들이 수면 위로 자주 올라와 뻐끔거리는 것을 볼 수 있다. 왜 그러는 것일까?

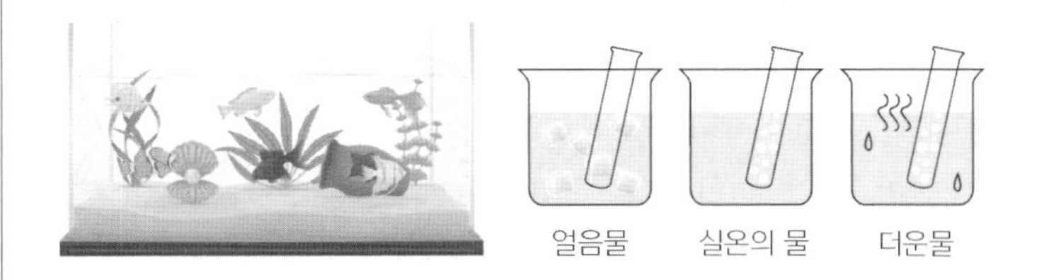

여름에는 수온이 높아져 물에 대한 산소의 용해도가 낮아진다. 이처럼 물에 녹아 있는 산소의 양이 감소하므로 물고기들이 호흡을 하기 위해 수면으로 올라오는 것이다.

원소

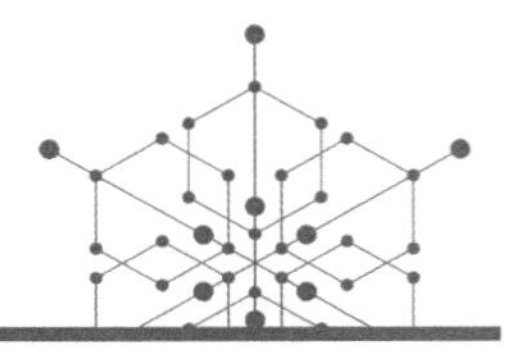

정의 원소(元素, element)는 물질을 이루는 기본 성분이다. 물질을 구성하는 가장 기본이 되는 성분으로, 어떤 방법으로도 분해되지 않는 가장 작은 단위의 성분을 말한다.

해설 우리가 흔히 하는 질문인 "물질은 무엇으로 이루어져 있을까?"는 화학적 질문으로 바꾸면 "물질을 이루는 원소는 무엇인가?"가 된다. 물질을 이루는 가장 기본 성분이 '원소'라는 것을 말해준다.

지금까지 밝혀진 물질의 성분 원소는 110여 종이고, 이를 간단하게 표기하기 위해 원소 기호를 만들었다. 오늘날 사용하는 원소의 영어 이름 알파벳의 첫 글자 또는 두 번째 글자까지 원소 기호로 쓴다. 수소(hydrogen)는 H, 헬륨(helrium) He, 산소(oxygen)는 O…… 하는 식이다. 물질을 나타낼 때 그 물질의 성분 원소의 기호를 써서 나타내는데 이를 화학식이라 한다. 또한 물질의 화학반응을 모두 원소 기호를 이용한 화학식으로 나타내면 물질의 변화를 매우 간편하게 표현할 수 있다.
물은 수소와 산소 2가지 원소로 된 물질로, 물 분자 1개는 수소 원자 2개와 산소 원자 1개가 결합하여 만들어진 물질이고, 이를 화학식으로 쓰면 H_2O 다. 물은 수소와 산소 기체의 합성으로 만들어지는 화합물인데, 이를 화학식으로 나타내면 간단하다.

$$2H_2 + O_2 \rightarrow 2H_2O$$

이처럼 물질을 원소 기호로 나타내면 언어가 달라도 전 세계에 하나로 통용될 수 있어 매우 유용하다.
원소 기호는 처음부터 알파벳을 사용한 것은 아니다. 고대 연금술사들은 그림을 원소 기호로 사용했고, 원자의 개념을 처음 정립한 근대 화학자 돌턴 또한 단순화한 그림으로 원소를 표현했다.

구 분	구리	황	금	철
연금술사	♀	🜍	○	♂
돌턴	Ⓒ	⊕	Ⓖ	Ⓘ
베르셀리우스	Cu	S	Au	Fe

이 밖에도 물질을 이루는 원소에 번호를 붙여서 원자 번호 순서대로 원소 기호로 정리하여 표를 만들어 사용하는데, 원소주기율표다.
원소의 번호는 그 원소의 기본 입자인 원자를 구성하는 양성자 수를 원자 번호로 정하여 사용한다. 양성자 수는 원소 종류에 따라 일정하므로 그 원소의 번호로 사용하기에 적합하다. 물론 양성자 수와 전자

수는 같으므로 '원자 번호 = 양성자 수 = 전자 수'다.

원소주기율표에서 1번(수소)부터 92번(우라늄)까지가 자연에 존재하는 원소 종류고, 93번(넵튜늄) 이후의 원소는 모두 핵반응을 이용하여 인공으로 합성한 것이다.

2015년 12월 30일, IUPAC(국제순수·응용화학연맹)은 러시아, 미국, 일본 연구진이 발견한 113번〔임시 이름 우눈트륨(Unt-Ununtrium)〕, 115번〔임시 이름 우눈펜튬(Unp-ununpentium)〕, 117번〔임시 이름 우눈셉튬(Uus-ununsentium)〕, 118번〔임시 이름 우눈옥튬(Uuo-Ununoctium)〕 원소 4개를 공식 인정하여 주기율표에 등록한다고 발표했다. 지금까지 사용된 원소 주기율표는 103번까지 기록된 것으로, 7주기 원소 자리가 비어 있는 것을 사용했으나 이들 원소가 추가되어 7주기가 모두 채워진 주기율표를 사용할 수 있게 되었다.

2016년 11월 28일, IUPAC의 공식 발표에 따라 그동안 미정이었던 원소의 이름을 확정하여 정식으로 새로운 원소주기율표가 완성되었다.

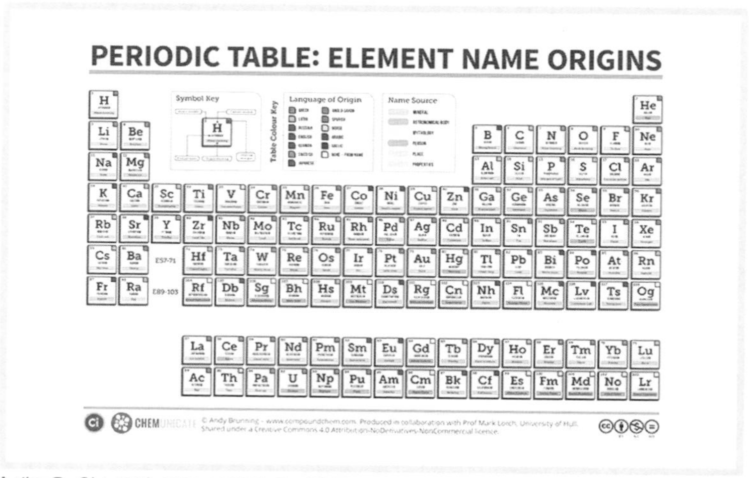

새로운 원소들이 모두 포함된 주기율표

원소의 이름 정하기

1. 원소는 원자와 어떻게 다를까?

원소는 물질을 구성하는 기본 성분이고, 원자는 원소의 가장 작은 입자다. 모든 물질은 그 성분 원소의 기본 입자인 원자로 이루어진다.

수소 기체는 수소라는 한 가지 성분의 원소로 이루어진 물질이고, 수소 기체 입자는 분자인데 이를 구성하는 것은 수소 원자 2개다. 즉, 수소 원자 2개가 결합하여 우리가 알고 있는 수소 기체가 되는데, 이는 원자 2개로 구성된 물질이고 이를 수소 분자라 한다. 스포츠에서 사용하는 공을 비유해보면 축구공, 배구공, 농구공, 야구공, 골프공 등 공의 종류가 다른데 이때 공의 종류는 물질을 구성하는 성분인 원소의 개념으로 비유할 수 있고, 공을 1개, 2개, 3개… 하고 세는 것은 입자의 개수를 세는 것으로 원자의 개념으로 비유할 수 있다.

2. 새로 발견된 원소는 어떻게 이름을 정할까?

과거에는 대개 원소를 발견한 과학자가 원하는 이름을 붙였으나 2002년에 IUPAC가 원소에 이름을 붙이는 절차를 공식화했다. 원소를 발견하고 이를 공식 원소로 인정하기 위한 과학적 검토가 완성되기까지는 원자 번호의 3자리 숫자를 라틴어(알파벳)의 첫 글자로 나타내고, 이름 끝에 -ium(이윰)을 붙이는 임시 이름과 3글자로 된 임시 원소 기호를 사용한다.

국제적으로 통용되는 공식 이름은 IUPAC와 IUPAP(국제순수·응용물리학연맹)가 운용하는 실무위원회에서 우선권을 인정받은 연구진의 제안에 따라 결정된다.

원자번호 114번 Ununquadium(우눈쿠아듐, Uuq)은 러시아의 핵 물리학자 게오리기 플리오로프를 기념하여 플레로븀(Fl)이라고 부르고, 원자번호 116번 Ununhexium(우눈헥슘, Uuh)은 미국 로렌스 리버무어 연구소를 기념하여 리버모륨(Lv)으로 부르기로 한 것이 좋은 예다.

3. 원소의 임시로 명칭은 어떻게 만들까?

정식으로 인정된 원소의 기호는 1~2개의 알파벳을 사용하지만, 임시로 사용하는 원소의 이름은 3개의 알파벳으로 쓴다.

임시 원소 기호는 원소의 원자 번호 숫자의 뜻을 가진 라틴어의 첫 글자를 이용한다. (0=n 1=u 2=b 3=t 4=q 5=p 6=h 7=s 8=o 9=e)

숫자	어간	발음	기호
0	nil	nil(닐)	n
1	un	u:n(운)	u
2	bi	bai(바이, 비)	b
3	tri	trai(트라이, 트리)	t
4	quad	kwod(쿼드, 쿠아드)	q
5	pent	pent(펜트)	p
6	hex	heks(헥스)	h
7	sept	sept(셉트)	s
8	oct	okt(옥트)	o
9	enn	en(엔)	e

원자번호	발견 여부 (o, x)	임시 원소기호	정식 원소기호	정식 원소 이름
112	o	Uub	Cn	Copernicium 코페르니슘
113	o	Uut	미정	
114	o	Uuq	Fl	Flerovium 플레로븀
115	o	Uup	미정	
116	o	Uuh	Lv	Livermorium 리버모륨

원자번호	발견 여부 (o, x)	임시 원소기호	정식 원소기호	정식 원소 이름
117	o	Uus	미정	
118	o	Uuo	미정	
119	x	Uue	–	
120	x	Ubn	–	
121	x	Ubu	–	

2015년 12월 30일, 공식 인정한 4개 원소를 포함하여 원소가 발견되고 이를 정식으로 인정한 후 정식 명칭이 정해지기 전까지 다음과 같은 규칙에 따라 임시 이름을 붙여서 사용한다.

4. 113번부터 118번까지 원소의 임시 이름 정하는 규칙

원소의 원자 번호 숫자를 의미하는 접두어를 사용한다.

원자 번호 112번 우눈븀을 예시로 명명법을 설명하면 원자 번호 112에서 1을 뜻하는 un + 2를 뜻하는 bi + ium의 형태로

$$112 \rightarrow \text{Ununbium(우눈븀)}$$

원소 번호 112번 우눈븀(Ununbium, Uub)은 정식 명칭 코페르니슘(Copernicium, Cn)으로 바뀌어 주기율표에 등록되었다.

원자 번호	원자 번호 숫자의 접두어	원소 임시 이름	임시 원소기호
113	113번은 3을 뜻하는 tri를 포함	Ununtrium(우눈트륨)	Uut
114	114번은 4를 뜻하는 quad 포함	Ununquadium(우눈쿠아듐)	Uuq
115	115번은 5를 뜻하는 pent 포함	Ununpentium(우눈펜튬)	Uup
116	116번은 6을 뜻하는 hex 포함	Ununhexium(우눈헥슘)	Uuh
117	117번은 7을 뜻하는 sept 포함	Ununseptium(우눈셉튬)	Uus
118	118번은 8을 뜻하는 oct 포함	Ununoctium(우눈옥튬)	Uuo

■ 네 가지 새로운 원소의 정식 이름과 원소기호 결정 소식

그동안 원소 발견이 공식화되지 않아 잠정 계통적 원소명과 원소기호로 나타냈던 원자 번호 113, 115, 117, 118번 원소의 정식 이름을 IUPAC에서 2016년 11월 28일에 정하여 발표했다.

원자 번호	발견 여부 (O,×)	임시 원소기호	정식 원소기호	정식 원소 이름
112	o	Uub	Cn	Copernicium 코페르니슘
113	o	Uut	Nh	Nihonium 니호늄
114	o	Uuq	Fl	Flerovium 플레로븀
115	o	Uup	미정	moscovium 모스코븀
116	o	Uuh	Lv	Livermorium 리버모륨
117	o	Uus	미정	tennessine 테네신
118	o	Uuo	미정	oganesson 오가네손
119	x	Uue	–	
120	x	Ubn	–	
121	x	Ubu	–	

원자

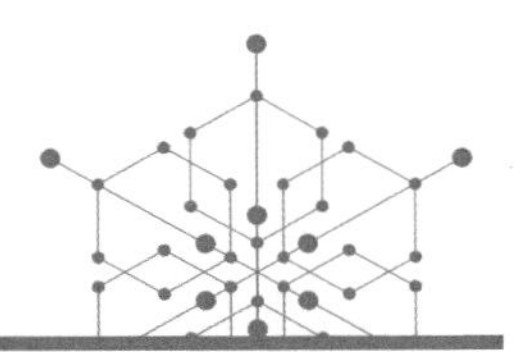

정의 원자(原子, atom)는 물질을 구성하는 가장 작은 단위의 입자 또는 물질의 구성 성분인 원소의 최소 입자다.

해설 원자는 더 이상 쪼갤 수 없는 최소 단위의 입자를 말한다. 현대 물리학으로 밝혀진 원자는 원자핵과 전자로 이루어져 있으며, 핵반응을 통해서는 더 작은 입자로 나뉜다.

화학은 물질을 탐구하는 학문이다. 물질은 자연에 존재하는 모든 것이고, 물질을 관찰하면서 누구나 갖게 되는 궁금증 중 하나는 물질을 이루는 가장 기본이 되는, 최초의 입자가 무엇이고 어떻게 생겼는가 하는 것이다.

이런 궁금증은 고대의 수많은 철학자들도 가졌던 것임을 알 수 있다. 서기전 460년경, 고대 그리스 사상가 레우키포스(Leukippos)와 데모크리토스(Democritos)는 "만물은 더 이상 쪼개지지 않는 입자로 구성되어 있다"는 입자설을 주장하여 처음으로 원자 개념을 제시했다.

1800년대에 영국의 과학자 돌턴(John Dalton, 1766~1844)은 한 가지 성분으로 된 물질(원소)이나 두 가지 이상의 성분으로 된 화합물과 같은 물질을 이루는 최소 단위가 모두 원자라는 동일한 공 모양(구형)의 입자라는 개념을 제시했다.
원자는 더 이상 쪼개지지 않는 가장 작은 알갱이로, 원소의 종류에 상관없이 모두 공 모양이며, 전기를 띠지 않는 중성의 입자다. 어떤 물질이든 이러한 알갱이가 수없이 많이 모여 만들어진다.
원자를 뜻하는 atom도 "더 이상 쪼개지지 않는다"는 뜻의 그리스어 atomos에서 유래한 것이다.
이후 여러 과학자들에 의해 원자보다 더 작은 전자, 양성자, 중성자 등의 더 작은 소립자가 발견되면서 원자는 쪼개지지 않는 입자가 아니고, 여러 소립자들이 모인 구조임이 밝혀졌다.

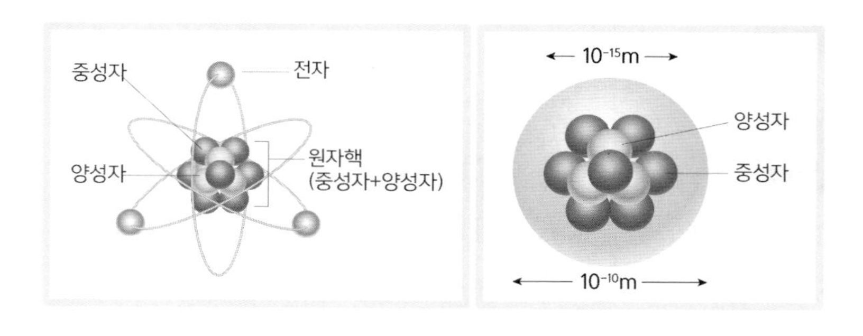

그러나 '원자설'은 100년 이상이나 화학 발전에 영향을 주고, 여러 가지 실험 결과를 설명해주었다. 화학반응으로 더 이상 나뉘지 않는 기본 단위를 이용하면 많은 화학반응에서 화합물의 성질 및 화학반응에 대한 특성이 간단하게 설명될 수 있다.
그리고 원소의 가장 작은 단위로서 원소의 특성을 나타내는 가장 작은 단위의 입자는 여전히 원자다.

생.
각.
거.
리.

원자 구조와 원자의 크기

원자 구조는 원자의 생김새 및 내부 구조를 설명하는 것으로 현대 물리학에서 밝힌 원자는 종류와 관계없이 모두 공 모양이며, 중심에 핵이 있고 바깥쪽에 전자가 있는 구조다.
중심엔 (+)전하를 띠는 양성자와 중성자가 모인 원자핵이 있고, 이로부터 일정하게 떨어진 위치에 (-)전하를 띠는 전자가 돌고 있는 구조다.

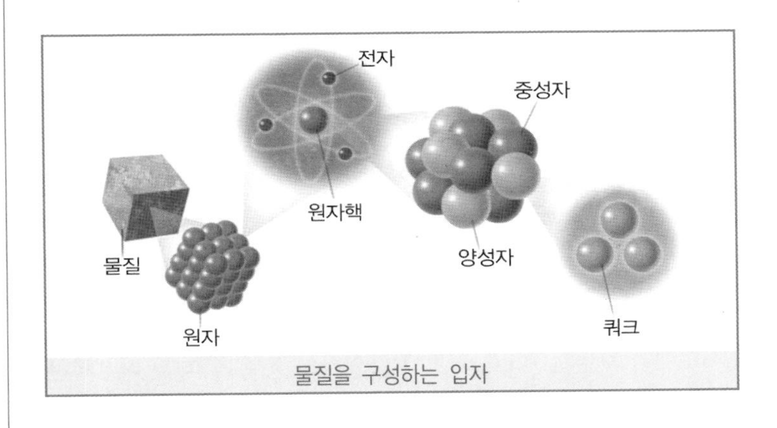

물질을 구성하는 입자

그러나 전자는 특정 시간에 발견되는 위치를 알 수 없으므로('불확정성의 원리') 전자가 위치할 곳을 확률적으로 계산하여 나타낼 수 있을 뿐이다. 원자핵을 중심으로 전자의 존재 위치를 계산한 확률을 점밀도로 나타내는 원자 구조를 전자구름 모형이라 한다.
어떤 원자든 원자의 핵을 구성하는 (+)전하를 띠는 양성자와 (-)전하를 띠는 전자 수는 같다. 그리고 양성자 1개의 (+)전하량과 전자 1개의 (-)전하량이 같으므로 모든 원자의 전기적인 성질은 중성이다.
원소의 종류에 따라 원자는 고유한 양성자 수를 가진다. 즉, 원소의 종류에 따라 양성자 개수가 다르다. 예를 들면 수소 원자의 핵 속에는 양성자가 1개가 있다. 즉, 양성자가 1개인 핵을 갖는 원자는 수소의 원자다. 양성자가 2개인 원자는 헬륨이고, 양성자가 3개면 리튬의 원자다. 이는 전자 개수가 다른 것이며, 전자 수가 그 원소의 특성을 결정짓는다.

양성자와 중성자로 되어 있는 원자핵은 원자의 중심에 있는데 부피는 작지만 질량이 매우 크며 원자의 질량 대부분을 차지한다.

| 원자의 성질 |

입자		기호	전하량(C)	전하량 비	질량(g)	질량비
핵	양성자	P	1.602×10^{-19}	+1	1.6726×10^{-24}	1836
	중성자	n	0	0	1.6749×10^{-24}	1839
전자		e−	-1.602×10^{-19}	−1	9.1095×10^{-28}	1

원자의 크기는 어떻게 해야 알기 쉽게 설명할 수 있을까?

원자의 중심에 있는 핵의 크기는 약 10^{-15}m, 원자의 지름은 약 10^{-10}m 정도다. 원자의 크기는 원소의 종류에 따라 다르지만 가장 큰 원자라 해도 매우 작다.

이해하기 쉽도록 주변의 사물을 비유해보자.

흔히 원자의 크기를 운동장 크기로 비교하는데, 원자의 크기를 야구를 할 수 있는 대형 운동장이라고 하면 원자핵은 그 안의 모래알 또는 개미 크기 정도로 비유된다.

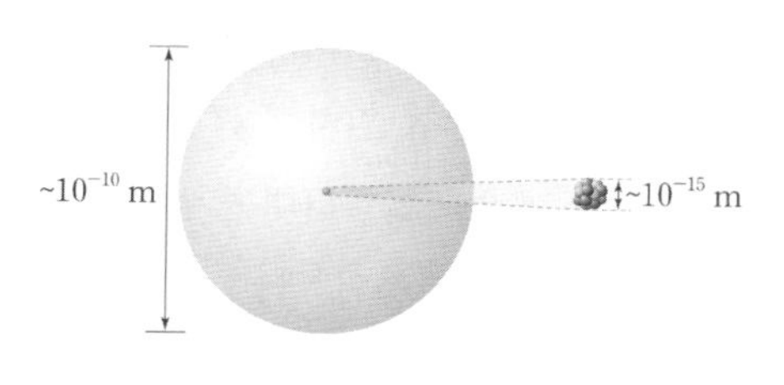

또 다른 비유로, 원자를 1억 배 키우면 탁구공 크기가 되는데, 1억 배는 탁구공을 지구만큼 커지게 할 정도의 비율이다.

돌턴의 원자설

1. 모든 물질은 더 이상 쪼갤 수 없는 원자로 구성된다.

쪼개지지 않는다.

2. 같은 원소의 원자들은 크기, 모양, 질량 등이 같다.

3. 화학 변화가 일어날 때 원자들은 변화하거나 새로 생기거나 소멸되지 않는다.

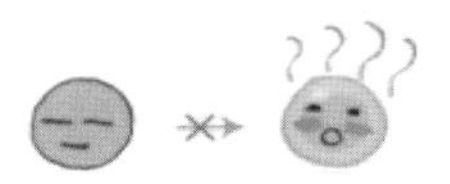

변하지 않는다.

없어지지 않는다.

4. 화합물은 서로 다른 원자가 일정한 비율로 결합하여 만들어진다.

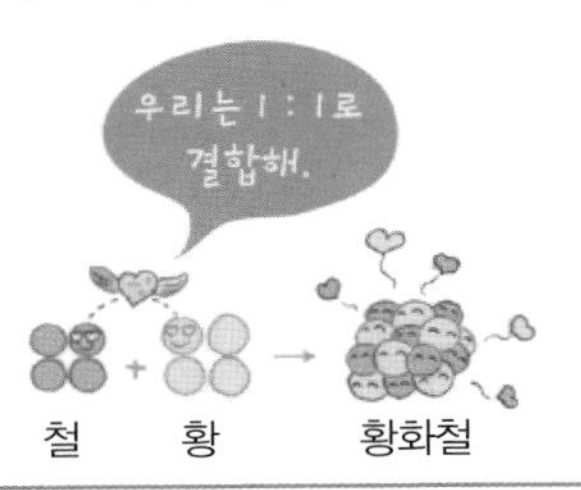

원자가 전자

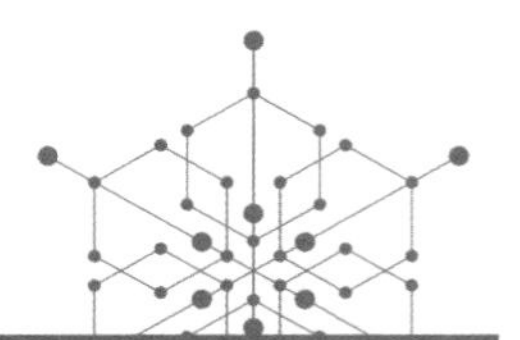

정의 원자가 전자(原子價 電子, valence electron)는 원자의 가장 안정된 상태인 바닥상태의 전자 배치에서 가장 바깥 전자껍질에 있는 전자로, 화학 결합에 관여하며 그 원소의 화학적 성질을 결정한다.

해설 원자가 전자는 최외각 전자껍질에 들어 있는 전자로 화학 반응에 관여하는 전자다. 그러므로 원자가 전자 수가 같은 원소는 화학적 성질이 비슷하다.

주기율표의 같은 족 원소들은 원자가 전자 수가 같으므로 화학적 성질이 거의 비슷하다. 1족 원소들의 원자가 전자 수는 1개, 2족 원소들은 2개, 13족 원소들은 3개, 14족은 4개, 15족은 5개, 16족은 6개, 17족은 7개, 18족은 0개다.

18족 원소의 최외각 전자 수는 8개이나 원자가 전자 수가 0인 것은 18족 원소의 최외각 전자껍질에 들어 있는 8개(He은 2개)의 전자들은 안정된 옥텟 구조의 전자 옥텟 상태로 화학 결합을 하지 않으므로 원자가 전자 수는 0이다.

	$_3$Li (3+)	$_4$Be (4+)	$_5$B (5+)	$_6$C (6+)
원자가 전자 수	1	2	3	4

생.각.거.리.

원자가 전자 수의 주기율

원소를 원자 번호 순서로 나열하면 원자가 전자 수가 주기적으로 반복되는 것을 볼 수 있는데, 이것 때문에 화학적 성질이 비슷한 원소들이 주기적으로 반복해서 나타나는 주기율이 생긴다.

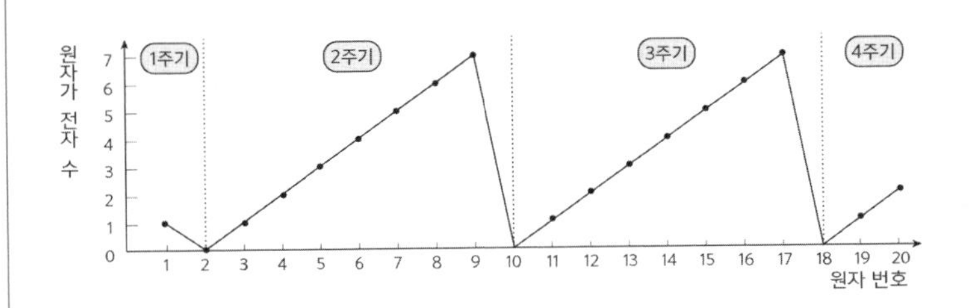

주기율은 원소를 원자 번호 순으로 나열하였을 때 화학적 성질이 비슷한 원소가 일정한 간격을 두고 주기적으로 나타나는 성질이다. 주기율표는 원자들을 원자 번호 순으로 나열하여 화학적 성질이 비슷한 원소들이 같은 세로줄에 주기적으로 나타나도록 원소를 정리한 표다.

원자량

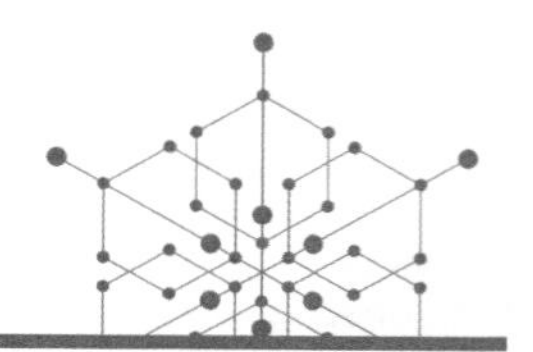

정의 질량수가 12인 탄소 원자(^{12}C)의 질량을 12.00으로 정하고, 이 값과 비교한 다른 원자의 질량비로 나타낸 원자의 상대적 질량을 원자량(原子量, atomic weight)이라 한다.

원자량, 즉 원자의 상대적 질량은 동위원소의 존재 비율을 고려하여 계산한 평균값을 사용한다.

해설 물질의 양을 나타내는 값은 질량, 부피, 개수 등이 있는데 물질의 종류에 따라 편리한 값을 측정하여 이용한다. 그 중 질량은 물질들의 양을 표현하는 가장 일반적인 방법이다.

일정량의 물질은 무수히 많은 원자들이 모여 있는 양이다. 물질을 이루는 원자의 개수에 따라 물질의 질량은 달라지고, 모인 원자들의 개수가 많을수록 질량은 커진다. 물질의 가장 기본이 되는 입자인 원자는 원소의 종류에 따라 크기와 질량도 다르다. 원자 중에서 가장 큰 원자라도 원자의 실제 크기는 매우 작고, 원자의 실제 질량 또한 매우 작다. 너무 작기 때문에 원자 1개의 질량을 직접 측정할 수 없고, 실제 값을 나타내어 사용하기도 불편하다.

이러한 불편함을 해결하는 방법으로 원자의 질량은 실제 값보다 상대적 질량을 사용한다.

상대 값은 기준이 있어야 하는데, 원자의 상대적 질량은 질량수가 12인 탄소 원자(^{12}C)의 질량을 12.00으로 기준을 정하고, 이 값과 비교한 다른 원자의 질량비로 나타낸다. 상대적 질량이므로 단위를 쓰지 않는다.

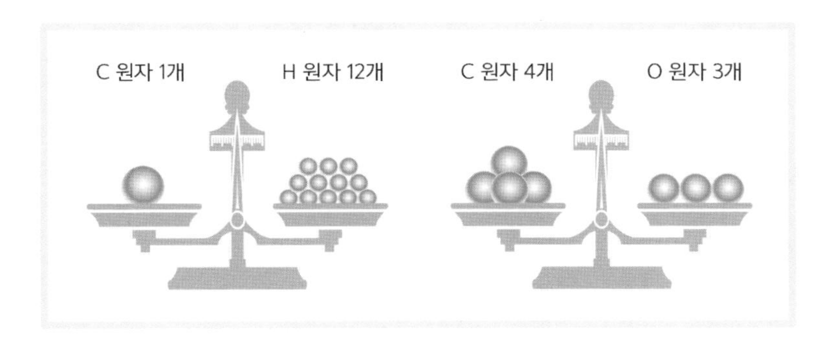

그림을 보면 C 원자 1개 질량과 수소 원자 H 12개의 질량이 같으므로 C 원자량이 12.00이므로 H 원자량은 1.00이라 할 수 있다. 또한 C 원자 4개 질량과 O 원자 3개 질량이 같으므로 C 원자 1개 질량과 O 원자 1개 질량의 비율이 3:4이다. 그러므로 O 원자 1개의 질량, 즉 O 원자량은 C 원자량 12.00의 4/3이므로 16.00이다.

생.
각.
거.
리.

원자량의 결정 연습하기

수소(H)의 원자량(상대적 질량)은 얼마인가?

원자	^{12}C	H
실제 질량	$1.99 \times 10^{-23}g$	$1.67 \times 10^{-24}g$
원자량(상대 질량)	12.00	x

탄소의 실제 질량 : C 원자량 = 수소의 실제 질량 : H 원자량

$$1.99 \times 10^{-23}g : 12.00 = 1.67 \times 10^{-24}g : x$$

이므로 H 원자량 x = 1.007, 약 1.00이다.

원자 모형

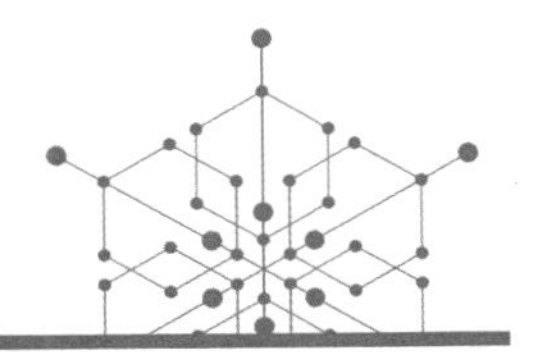

정의 물질을 구성하는 가장 기본이 되는 입자를 원자라 한다. 크기가 너무 작아 눈으로 볼 수가 없는 원자에 대한 이해를 돕기 위해 원자를 구성하는 입자의 종류 및 내부 구조 등을 설명할 수 있는 모습을 나타낸 것이 원자 모형(原子模型, atomic model)이다.

해설 돌턴이 처음으로 물질을 이루는 기본 입자인 원자 모형을 제시했고, 물질의 여러 가지 물리적, 화학적 성질을 설명하기 위해 많은 과학자들이 원자 모형을 제시했다. 앞서 제시했던 모형의 한계점이나 모순점을 찾아 수정하여 새로운 모형을 제시하기를 여러 차례 반복하면서 오늘에 이르기까지 원자 모형은 끊임없이 변화·발전되어 왔다.

✔ 돌턴의 모형(1807)

돌턴은 원자를 더 이상 쪼갤 수 없는 단단한 공 모양의 입자라고 정의

하고, 구형의 단순한 원자 모형을 제시했다. 하지만 이후 관찰되는 음극선 실험 결과를 설명할 수 없는 한계점을 가지고 있다. 음극선 실험은 원자를 구성하는 더 작은 입자(전자)가 있다는 것을 인정해야만 했기에 돌턴의 모형이 수정되어야 했다.

톰슨의 모형(1904)

전자를 발견한 톰슨(Joseph John Thomson, 1856~ 1940)이 제시한 모형으로, 푸딩 모형이라고도 한다. 톰슨은 공 모양의 원자 전체에 (+)전하가 균일하게 퍼져있고, (-)전하를 띤 매우 작은 전자들이 듬성듬성 박혀 있다고 생각했다. 톰슨의 모형은 원자의 구성 입자로 (-)전하를 띠는 전자가 존재함을 설명할 수 있었지만 러더퍼드의 α 입자 산란 실험을 통해 원자 전체가 (+)전하를 띤다고 설명한 부분은 문제점으로 드러났다.

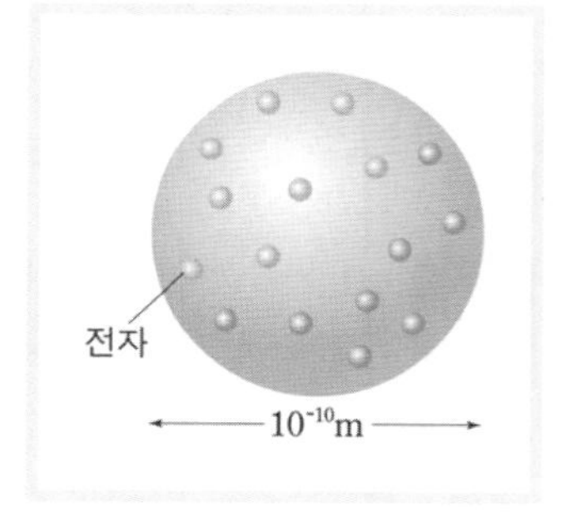

러더퍼드의 모형(1911)

러더퍼드(Ernest Rutherford, 1871~1937)는 방사능 물질에서 나오는 알파선(α-ray)이 얇은 금박을 통과하는 실험, 즉 'α-입자 산란 실험'을 통해 원자의 (+)전하를 띠는 원자핵이 존재하는 모형을 제시했다. 러더퍼드는 원자는 (+)전하를 띠는 양성자들이 원자의 중심, 즉 원자핵 안에 모여 있고 (-)전하를 띠는 전자는 그 주위에서 돌고 있는 구조로 되어 있다고 설명한다. 마치 행성이 태양 주위를 도는 것과 같이 원자핵을 중심으로 전자가 돌고 있는 행성형 모형을 제안한 것이다.

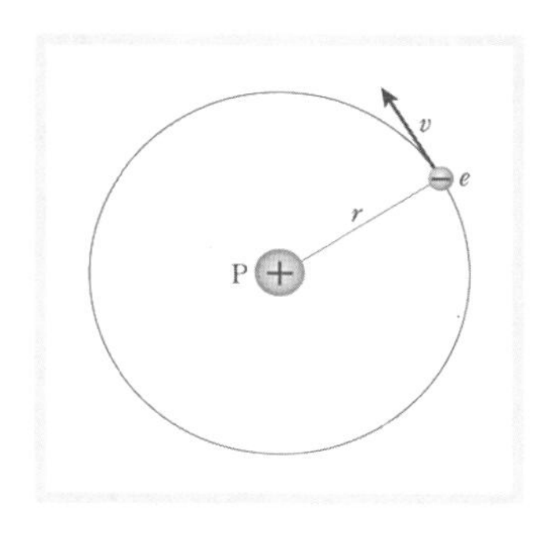

러더퍼드의 모형에 따르면 원자 질량의 대부분은 아주 작은 부피의 원자핵에 집중되어 있으며 원자의 대부분은 비어 있고, 전자는 원자핵으로부터 일정 거리 떨어진 궤도에서 돌고 있는 모형이다. 러더퍼드의 모형은 자신의 α-입자 산란 실험 결과는 잘 설명할 수 있지만, (-)전하를 띠는 전자가 (+)전하를 띠는 원자핵 주위를 공전하면 전자기파를 방출하고 결국 원자핵으로 떨어지게 되는 모순을 안고 있다. 핵의 주위를 돌고 있는 전자들의 운동은 가속도 운동이므로 끊임없이 전자기파를 방출해서 점점 에너지를 잃고 원자핵으로 떨어지게 된다.

보어의 모형(1913)

닐스 보어(Niels Henrik David Bohr, 1885~ 1962)는 러더퍼드의 전자 궤도의 안전성을 설명하기 위해 전자가 허용된 특정 궤도에만 존재할 수 있다는 양자화 가설을 내놓았다.

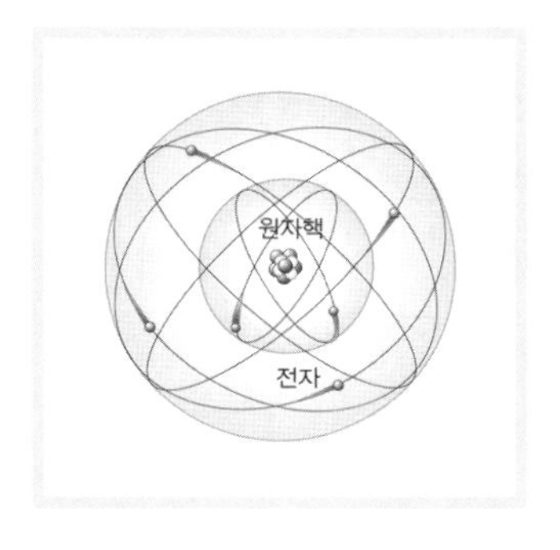

수소 원자의 불연속적인 스펙트럼을 관찰하고 그것을 토대로 만든 모형으로, 전자는 일정한 궤도에서 원운동을 하며, 각 궤도는 연속적이지 않고 특정 에너지를 갖고 있다고 생각했다. 그리고 전자가 궤도를

옮길 때에는 궤도의 에너지 차이만큼 에너지의 출입이 있다고 설명한다. 그러나 수소 원자의 선스펙트럼은 잘 설명할 수 있는 대신 전자가 2개 이상인 원자의 선스펙트럼은 일치하지 않는 한계를 갖고 있다.

✔ 현대적 모형

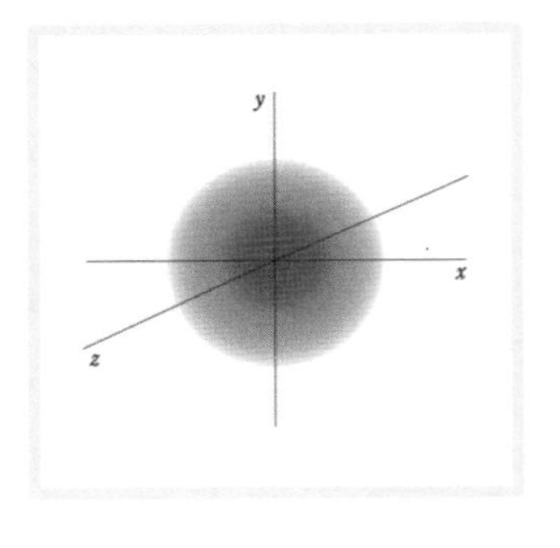

슈뢰딩거(Erwin Schrödinger, 1887~1961)와 같은 학자들이 양자 역학을 토대로 하여 제시한 모형으로, 원자 내 전자의 위치와 운동량을 정확하게 기술하는 것은 불가능하며, 핵을 중심으로 어느 공간에서 전자가 발견될 확률을 알 수 있을 뿐이라고 설명하는 모형이다. 원자 내에서 전자가 존재할 확률 분포를 점의 밀도로 나타내었고, 이때 완성된 모형을 전자구름 모형이라 한다.

원자 속의 더 작은 입자들

1. 톰슨의 음극선 실험을 통한 전자의 발견

19세기 말에 원자에서 방사선이 나온다는 것이 밝혀지면서 "더 이상 쪼개지지 않는다"고 했던 돌턴의 원자 모형은 수명을 다했다. 음극선(陰極線, 전자빔)은 진공 유리관 안에 설치한 두 금속 전극에 높은 전압을 걸었을 때 (-)극에서 나와 (+)극으로 흐르는 녹색 형광 빛을 말한다.

영국의 과학자 톰슨은 음극선을 연구하여 원자를 구성하는 (-)전하를 띠는 전자를 발견하여 기존 원자의 개념을 바꾸었다.

음극선은 톰슨이 처음으로 발견하여 관찰한 것이 아니라 1850년 독일의 수학자 플뤼커(Julius Plücker, 1801~1868)가 시작한 것으로 본다. 1869년, 그의 제자인 히토르프(Johann Wilhelm Hittorf, 1824~1914)는 1855년에 가이슬러가 고안한 수은 진공 펌프와 존 콕크로프트(John Douglas Cockcroft)의 고전압 발생 장치를 이용하여 만든 고진공 방전관에 고전압을 걸어 '글로우 광선(Strahlen des Glimmens)'을 발견했다. 히토르프는 이 광선이 고체 물체 뒤편에 그림자가 생기게 하는 것으로, 음극에서 직선으로 발생된다는 것, 그리고 자기장에 의해서 휘어지고 유리에 닿으면 발광을 한다는 것을 관찰했다.

이후 플뤼커와 히토르프의 실험을 확인한 독일의 물리학자 골트슈타인(Eugen Goldstein, 1850~1930)은 이 광선을 '음극선(Kathodenstrahlen)'이라고 불렀다.

1863년에 영국의 크룩스가 진공도가 높은 음극선관을 만들어 비로소 정확한 실험이 가능하게 되었으며, 톰슨은 이 '크룩스관'을 이용하여 1898년에 전자를 발견했으며, 1904년에는 '푸딩 모형'이라는 새로운 원자 모형을 제시했다.

음극선 실험을 하는 톰슨	크룩스관의 음극선 발생

■ 전자 발견 실험

❶ 음극선의 경로에 고체 물체를 놓으면 뒷면 형광판(형광물질을 칠한 부분)에 물체의 그림자가 생긴다. ⇨ 음극선은 빛처럼 직진성을 갖는다.

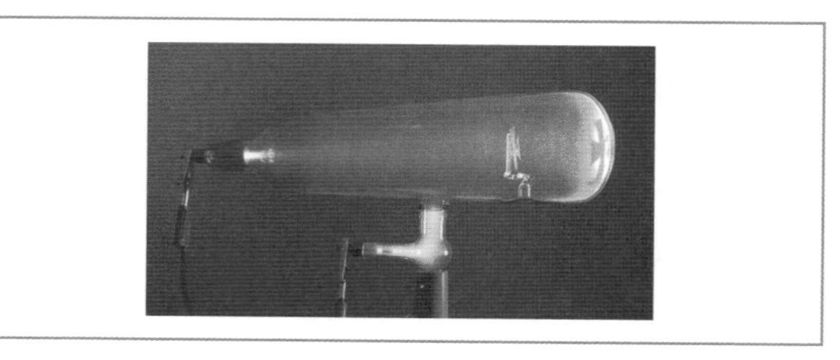

❷ 음극선의 경로에 바람개비를 놓으면 바람개비가 돌아가다. ⇨ 음극선이 질량을 가진 입자로 이루어져 있다고 할 수 있다.

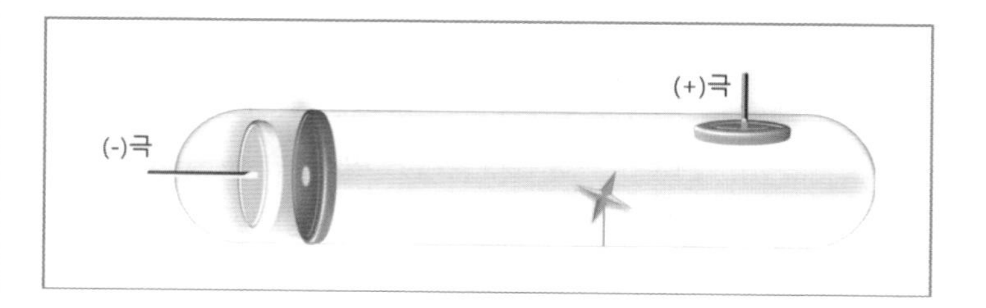

③ 음극선은 전기장 또는 자기장의 영향을 받아서 (+)극 쪽으로 휜다. 한 원자의 종류와 관계없이 휘는 정도가 같다는 것도 확인했다. ⇨ 음극선은 (-)전하를 띤다.

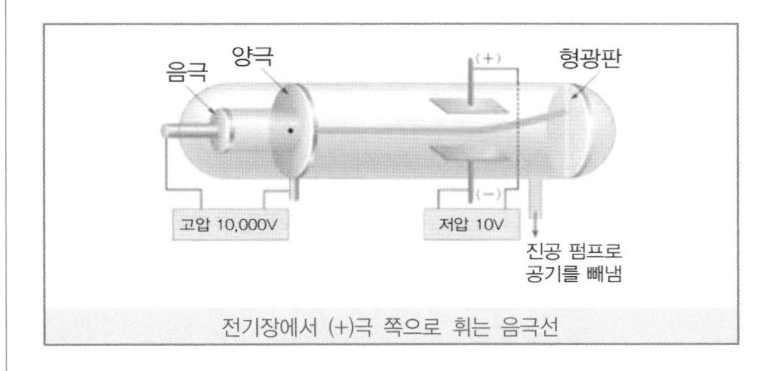

전기장에서 (+)극 쪽으로 휘는 음극선

톰슨은 전기장의 세기와 전기장에 따라서 음극선 빛이 얼마나 휘는지를 계산함으로써, 질량과 전하의 비(m/e)를 측정했다. 결과로는 질량과 전하 비율이 수소이온보다 1,000배 정도 낮은 것을 발견했다. 이 입자는 전극의 종류나 방전관 내 여러 종류의 기체를 사용해도 원자의 종류에 관계없이 항상 일정하다는 것도 알아냈다. 그래서 그는 이 입자를 모든 물질에 공통으로 포함된 구성요소로 결론짓고, 이를 전자라 이름 붙였으며, 이를 바탕으로 새로운 원자 모형을 제시했다. 1904년에 (+) 전하를 띤 원자 안에 (-) 전하를 띤 전자가 플럼 푸딩에 들어 있는 건포도처럼 여기저기 박혀 있는 원자 모형을 제안했다. 이는 원자가 중성을 띠고 있기 때문에 전자가 원자 내에 존재한다면 전체적으로 중성을 유지하기 위해 전자를 제외한 나머지는 모두 (+)를 띠어야 한다.

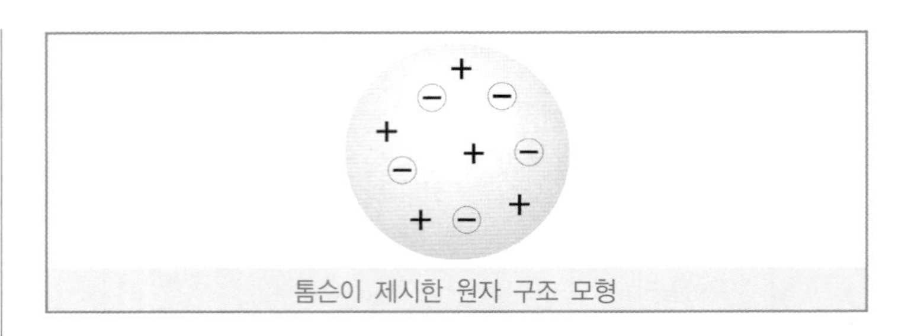

톰슨이 제시한 원자 구조 모형

2. 원자핵의 발견

러더퍼드(Ernest Rutherford, 1871~1937)는 1909년에 'α-입자(He^{2+}) 산란' 실험으로 최초로 원자핵의 존재를 확인하고 새로운 원자 모형을 제시했다.

그 이전에 톰슨이 제시한 '푸딩 모형'의 원자 모형은, 질량이 원자 전체에 고르게 퍼져 있고, (+)전하를 띠는 덩어리에 (-)전하를 띠는 전자들이 박혀 있다는 구조였다.

이는 'α-입자(He^{2+}) 산란' 실험 결과에 의해 새로운 원자 모형으로 바뀌게 된 것이다.

■ 원자핵 발견 실험

러더퍼드는 방사성 원소에서 나오는 α-입자(He^{2+})를 약 20,000분의 1cm 두께로 얇게 편 금박에 쏘았을 때, α-입자(He^{2+})가 어떻게 움직이는지를 확인하는 실험을 했다.

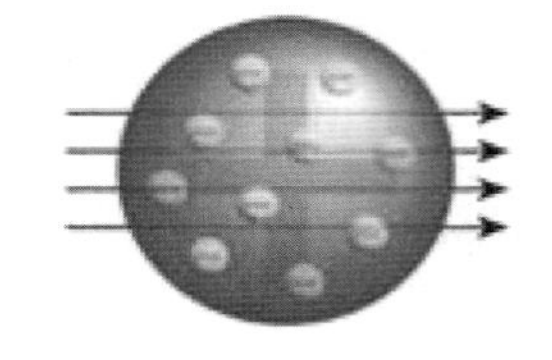

당시 톰슨이 제시한 '푸딩 모형'의 원자로 이루어진 금 원자들이 모여 만들어진 금박에 전자보다 무거우며 (+)전하를 띠는 알파(α)입자를 매우 빠른 속도(약 1만 6,000km/s)로 충돌시키면, 거의 모든 α-입자는 금박을 뚫고 지나가 금박의 뒷면에 설치

한 형광 스크린에 부딪힐 것으로 예상했다.

실험 결과, 예상대로 대부분의 α-입자는 금박을 뚫고 지나가 형광 물질이 발려 있는 스크린에 부딪혔다. 그러나 α-입자 중의 일부는 금박을 통과하면서 산란되었고, 극히 일부는 금박에 충돌한 후 큰 각도로 되튀어 나와 앞쪽에 놓인 스크린에서 확인되었다. 이렇게 큰 각도로 반사되는 α-입자의 수는 발사된 α-입자 수 약 8,000개 중 한 개 정도로 측정되었다.

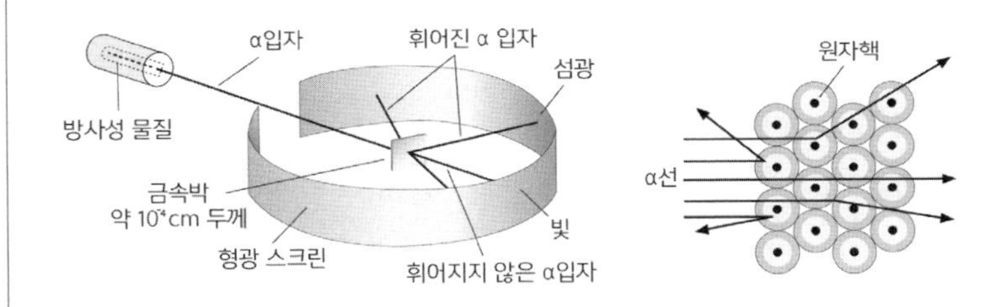

이 현상을 어떻게 해석할 수 있을까?

α-입자와 충돌하여 α-입자를 뒤로 튕겨나가게 한 것은 무엇이었을까? 전자는 α-입자의 질량보다 훨씬 작으므로 α-입자가 전자와 부딪혀도 산란되지는 않았을 것이다. α-입자가 커다란 각도로 산란되어 튕겨 나왔다는 것은 α-입자보다 질량이 큰 다른 입자와 충돌했다고 해석할 수 있다.

이 실험의 결과로 원자는 질량이 원자 전체 부피에 골고루 퍼져 있지 않고, 원자의 극히 적은 부분에 질량이 집중되어 있고 나머지 부분은 거의 비어 있는 구조라고 설명할 수 있다. 또한 러더퍼드는 원자핵이 가지고 있는 (+)전

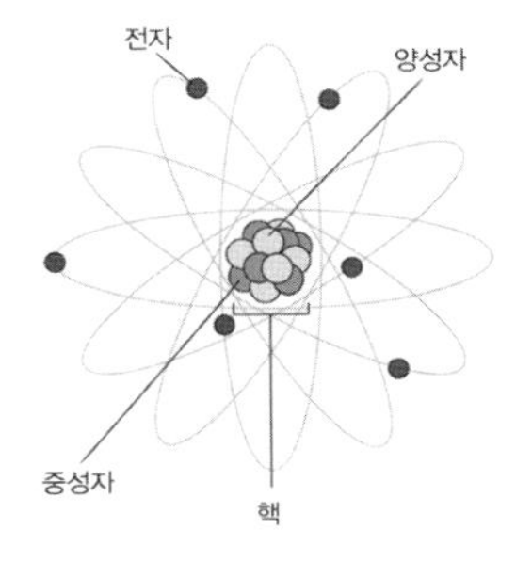

하량은 그 원소의 원자 번호와 비례한다는 것을 알아냈고, 이것은 원자핵 속에 원자 번호와 같은 수의 양성자가 들어 있기 때문이라고 해석했다. 따라서 원자가 전기적으로 중성이므로 원자핵 주위를 도는 전자의 수는 양성자의 수와 같다고 밝혔다.

이렇게 밝혀 제시한 러더퍼드의 원자 모형을 '행성형 모형'이라 한다. 태양계에서 질량의 대부분을 차지하는 태양 주위를 여러 개의 행성이 돌고 있는 것처럼 원자에서는 원자 질량의 대부분이 집중되어 있는 원자핵 주위에서 가벼운 전자들이 돌고 있는 구조로 비슷한 모습이다. 공전 궤도를 그리면서 운동하는 모습은 비슷하지만 궤도 운동을 유지하게 하는 힘의 종류는 다르다. 태양계에서 태양과 행성 사이에 작용하는 힘은 중력이고, 원자에서 원자핵과 전자들 간의 힘은 서로 다른 전하 사이에 작용하는 전기력이다. 그러나 중력과 전기력은 모두 거리 제곱에 반비례하는 힘이다.

그런데 (-)전하를 띠는 전자가 핵 주위를 공전하는 가속도운동을 하므로 전자기파 방출로 에너지를 잃고 점점 에너지가 작아지면서 반대 전하를 띠는 핵에 이끌려 결국 핵에 붙어버리는 결과가 생긴다. 이는 러더퍼드의 원자 모형이 안정되지 못한 것임을 설명한다. 또한 전자가 핵에 끌려 들어갈 때 에너지를 계속 방출하므로 이때 관찰되는 스펙트럼은 연속 스펙트럼으로 관찰되어야 하는데, 실제 원자들이 방출하는 스펙트럼은 선 스펙트럼이다.

청동

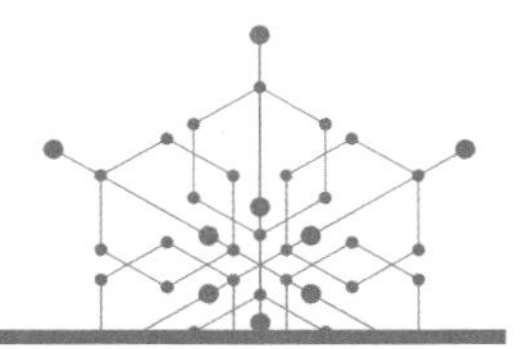

정의 청동(青銅, bronze)은 구리와 주석의 합금이다. 구리와 주석을 적정 비율로 혼합한 것, 구리-주석에 또 다른 원소를 혼합한 것, 용도에 따라 주석 대신 알루미늄, 납 등을 첨가한 것 등을 모두 포함하여 일반적으로 청동이라 한다.

해설 청동은 구리(Cu)와 주석(Sn)의 합금으로, 구리의 우수한 전성(展性, malleability)과 연성 (延性, ductility)이 구조물을 만들 때 유용할 수 있도록 주석의 혼합 비율을 조정한다. 또한 주석의 비율에 따라 합금의 색깔이 달라지는데, 주석이 가해짐에 따라 구리색에서 노란색이 되며, 주석 비율이 30%에 이르면 은백색이 된다. 전쟁 무기, 생활 도구와 같은 고대 유물에서 청동 제품을 흔히 볼 수 있는데, 대부분이 검푸른 색을 띠는 것을 볼 수 있다.

전성은 금속이 넓게 퍼지는 성질이고, 연성은 금속이 실처럼 가늘게 뽑히는 성질이다.

생. 각. 거. 리.

청동 예술

청동으로 만든 예술품을 어렵지 않게 볼 수 있다. 청동 예술 조형물은 대체로 검푸른 색을 띠는데, 빛깔의 아름다움도 있지만 청동은 합금으로 쉽게 변하지 않는 성질을 이용하여 여러 가지 조형물을 만드는 재료로 쓰여 왔다.

청동은 철보다 먼저 사용했던 금속으로 인간의 생활 도구로써 긴 역사를 가졌다. 한반도의 역사 시대에도 많은 청동 유물(사진은 고조선의 청동 유물인 청동 거울과 청동 검)이 발견되고 있다. 구리(Cu) – 주석(Sn) 합금에 아연(Zn)을 첨가하여 만든 청동은 단단하고 강하여 장신구나 무기를 만드는 데 유용하다. 아연을 넣어 합금을 만드는 기술은 고도의 기술력이 있어야 한다. 고조선 시대의 합금 기술은 당시 세계 최고 수준의 기술이라 한다. 유물에서 보듯 고조선은 구리-주석-아연 합금의 청동으로 매우 정교한 청동 거울(사진 왼쪽)과 청동 검(사진 오른쪽)을 만들었는데 다뉴세문경(多鈕細文鏡, 잔줄무늬거울)과 비파형 청동 검이 그것이다.

코크스

정의 코크스(cokes)는 석탄(石炭)의 일종이다. 석탄을 공기를 차단한 채 1,000℃ 정도의 온도로 가열하면 기체 성분은 빠져나가고 주로 탄소 성분만 남는데 이를 코크스라 한다. 이 코크스는 석탄 덩어리에서 기체 성분이 빠져나가므로 작은 구멍이 많은 다공성 덩어리이고, 석탄이 탈 때 녹은 성분들이 서로 엉켜 뭉쳐진 덩어리로 단단하고 회색을 띠는 검은색 고체다. 단단하여 불붙는 온도가 높아 태우기 어려우므로 가정용 연료로는 부적합하고, 주로 철광석을 제련하여 철을 얻을 때 철광석을 녹이기 위해 사용된다.

코크스

해설 석탄은 지질시대에 식물이 땅 속에 묻혀 열과 압력의 영향을 받아 탄화되어 생성된 광물로 화석연료다. 탄화(炭化)는 식물과 동물을 이루는 물질, 즉 유기물이 주로 탄소 성분인 석탄으로 변하는 화학 변화다. 석탄의 종류는 식물의 탄화가 진행된 정도에 따라 이탄, 갈탄, 아역청탄, 유연탄(역청탄), 무연탄 등으로 구분한다. 이들은 모두 연료로 사용할 수는 있어 화석연료라 하며, 탄소, 수분, 그 밖의 휘발성 물질, 황 등의 함유 비율에 따라 발열량 등의 성질이 다르므로 사용되는 분야가 다르다.

철을 제련할 때 필요한 코크스는 아역청탄, 유연탄(역청탄)을 이용하는데, 이는 휘발성 물질의 함유량이 많은 편이다. 아역청탄이나 역청탄은 공기를 차단시키고 1,000℃ 안팎의 온도를 가하면 휘발성 물질과 수분이 빠져나가고, 석탄 입자들이 서로 엉키고 뭉쳐져서 매우 단단한 고체 덩어리로 되는 점결성(粘結性)이 큰 석탄이다.

아역청탄과 유연탄과 같은 석탄을 점결탄이라 구분하기도 하는데 이는 세계 각지에서, 특히 고생대·중생대의 지층에서 산출된다.

한반도에서 나오는 석탄은 석탄화가 가장 많이 진행된 것으로, 주성분인 탄소 함량이 매우 높은 무연탄이다. 금속성 광택이 있는 검은색 고체 석탄으로, 휘발성 물질과 황 성분이 적어 주로 가정의 난방용으로 연탄을 만들어 쓴다.

생.각.거.리.

코크스 제조 공정

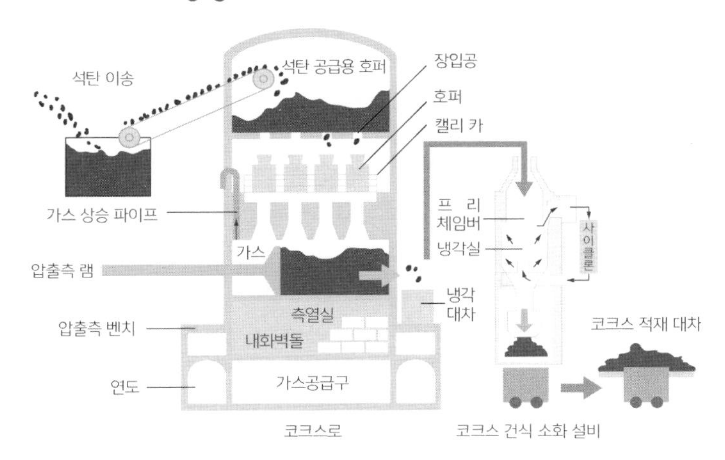

철의 제련

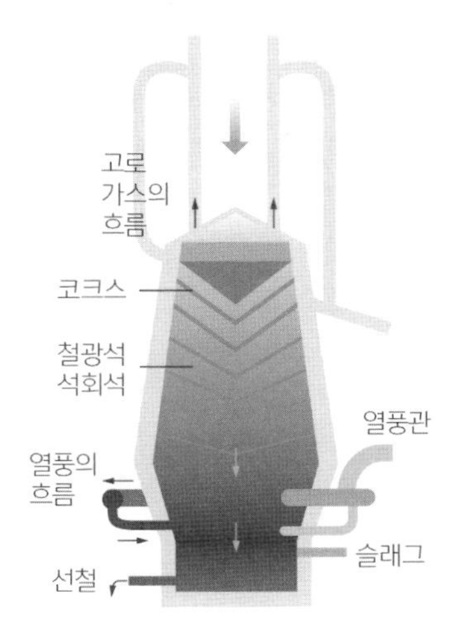

코크스, 철광석(산화철), 석회석을 용광로에 넣고 1,200℃ 이상의 뜨거운 공기를 불어넣어 주면 코크스(철광석을 환원시키는 환원제로 작용)가 타면서 일산화탄소 기체를 발생시키고, 이 일산화탄소가 철광석과 반응하여 철광석의 산소를 떼어내어 환원시킨다. 용광로에 넣는 철광석은 광물이므로 많은 종류의 불순물을 포함하는데, 이를 제거하는 작용을 하는 것이 석회석($CaCO_3$)이다. 석회석은 철광석 중의 흙 성분(이산화규소, SiO_2)을 제거한다.

❶ 철광석의 환원

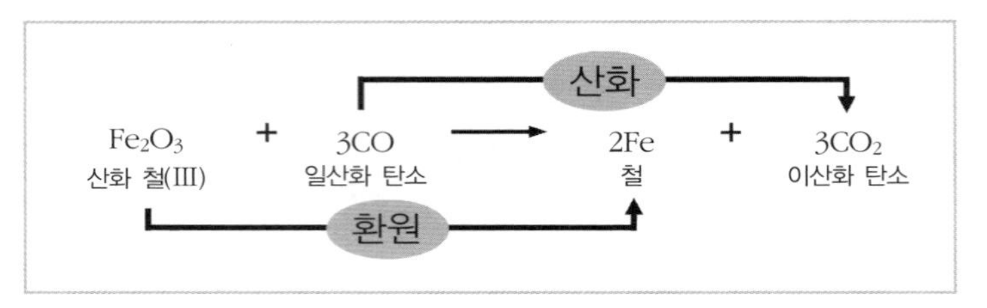

❷ 불순물의 제거

$CaCO_3 \rightarrow CaO + CO_2$

$CaO + SiO_2 \rightarrow CaSiO_3$

쿼크

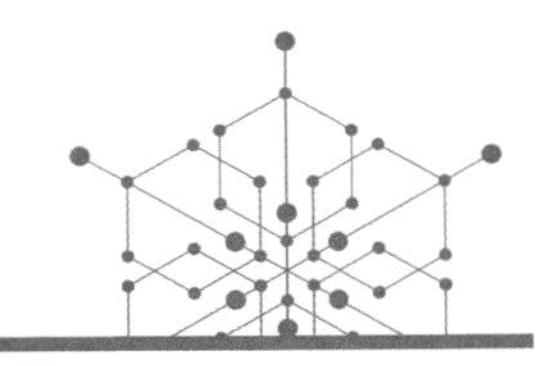

정의 쿼크(Quark)는 현재까지 발견된 최고로 작은 입자인, 물질을 구성하는 최소 단위 알갱이다.

물질의 형태를 만드는 가장 작은 알갱이, 즉 물질을 구성하는 기본적인 소립자로, 원자의 핵을 구성하는 양성자와 중성자를 만드는 이주 더 작은 소립자다.
6가지 종류가 있으며 현대 물리학자들은 이들을 up/down 쿼크, charm/strange 쿼크, top/bottom 쿼크 등 3개의 쌍으로 분류하고 있다.

해설 물질은 쪼개고 또 쪼개어 더 이상 쪼개지지 않는 단계의 알갱이가 수 없이 많이 모여 이루어진 것이다. 1800년대에 영국의 돌턴이 제시한 원자론을 바탕으로 많은 과학자들이 물질의 성질을 탐구해왔고, 1900년 전후에는 원자를 구성하는 입자는 더 작은 양성자와 중성자, 전자로 이루어져 있음을 밝혀냈다. 이후에도 과학자들은 끊임없이 물질을 이루는 기본 단위 입자를 분석하는 연구를

했고, 1964년 머리 겔만(Murray Gell-Mann)과 조지 츠바이히(George Zweig)는 양성자와 중성자를 구성하는 더 작은 입자의 존재를 발견하여 쿼크(quark)라고 명명했다. 1968과 이듬해에 미국의 물리학자 프리드먼(Jerome Isaac Friedman)과 켄들(Henry Way Kendall) 그리고 캐나다의 물리학자 테일러(Richard Edward Taylor)는 전자가속기를 사용한 'SLAC-MIT 실험'을 통하여 '쿼크'의 존재를 입증했다.
이리하여 현대 과학에서 "원자는 원자핵과 전자로 이루어져 있고, 원자핵은 양성자와 중성자로 이루어져 있고, 원자핵을 구성하는 양성자와 중성자는 더욱 작은 초 소립자인 쿼크로 이루어져 있다"는 사실이 밝혀졌다.
쿼크의 종류는 6종이며 up/down 쿼크, charm/strange 쿼크, top/bottom 쿼크 등 3개의 쌍으로 분류하고 있다.
쿼크는 입자가속기의 기술이 발전되어 발견할 수 있게 된 것이다. 1977년까지 5종류의 쿼크를, 1995년에 페르미연구소에서 top quark를 발견하여 현재 모두 6종류의 쿼크가 설명되고 있다.
원자의 중심에 있는 원자핵은 양성자와 중성자로 되어 있는데, 양성자는 전하가 $+\frac{2}{3}$인 up quark 2개와 전하가 $-\frac{1}{3}$인 1개의 down

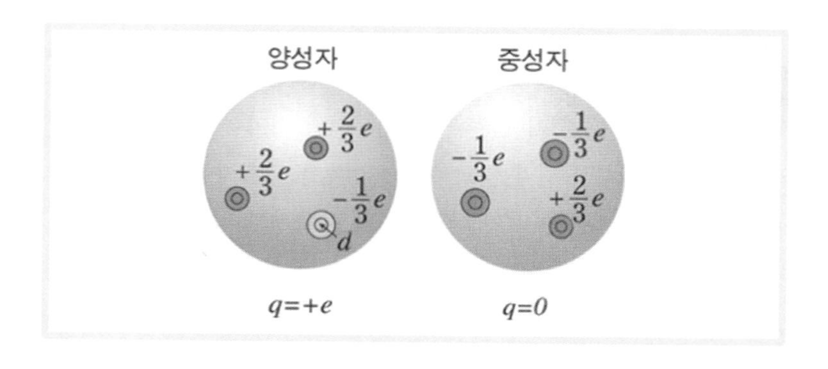

quark로 이루어져 있어 +1의 전하를 갖는 입자다. 또한 중성자는 2개의 down quark와 1개의 up quark로 이루어져 있어 전하가 중성인 입자다.

이와 같이 쿼크는 분수값의 전하를 갖는 특성이 있으며 또한 쿼크와 쿼크를 결합시키는 접착제 역할을 하는 입자는 글루온(gluon)이고, 이를 결합시키는 강한 힘은 쿼크의 색깔 종류에 따른다고 설명하는데 이 이론을 양자색역학(量子色力學, quantum chromodynamics)이라 한다.

물질의 가장 기본이 되는 입자는 아주 오래전부터 현재까지 화학자의 가장 기본적인 궁금증으로 끊임없이 연구되고 있다.

물질을 이루는 가장 작은 입자를 '원자'라 하고, 이는 깨질 수 없는 진리처럼 여겨왔지만 원자는 많은 종류의 입자들이 모인 알갱이고, 현재 가장 작은 입자가 쿼크라고 밝히고 있다. 하지만 쿼크 또한 더 쪼개질 수 있는 가능성이 있다고 한다.

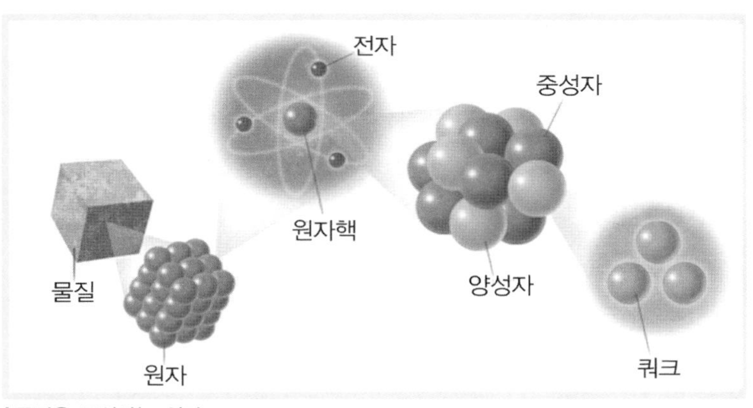

ㅣ물질을 구성하는 입자

탄소 나노튜브

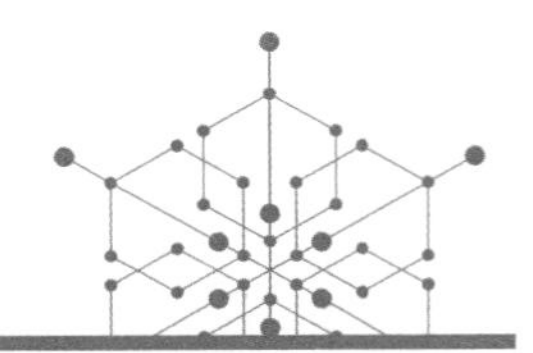

정의 탄소 나노튜브(CNT: Carbon nanotube)는 탄소로만 이루어진 물질로 육각형 벌집 모양의 얇은 막인 그래핀을 둥글게 말아서 만든 원통 형태의 나노 분자다.

탄소 나노튜브는 원기둥 모양의 나노 구조를 지니는 탄소의 동소체로, 길이와 지름의 비가 132,000,000 : 1에 이르는 나노튜브도 있다. 크기는 수십 나노미터 정도의 지름을 갖는 관 모양의 분자다. 탄소로만 이루어진 탄소 동소체 중 탄소 6개가 벌집 모양의 육각형을 이루고 있는 면으로 되어 있으며 지름이 수 ~ 수십 나노미터 크기의 탄소 동소체인 여러 가지 탄소 나노튜브가 있다.

그래핀을 둥그렇게 마는 각도에 따라 다른 나노튜브가 만들어질 수 있는데, 이렇게 말리는 각도와 지름에 따라 금속이 될 수도 있고 반도체가 될 수도 있다. 나노튜브는 단일벽 나노튜브와 다중벽 나노튜브로 나눌 수 있다. 나노튜브는 판데르발스 힘에 의해 여러 가닥이 뭉쳐진 '로프' 형태로 정렬되는 경우가 많다.

해설 탄소 원자 1개당 3개의 탄소 원자가 공유 결합하여 육각형 벌집 모양의 면을 갖는 긴 대롱 모양의 분자다.

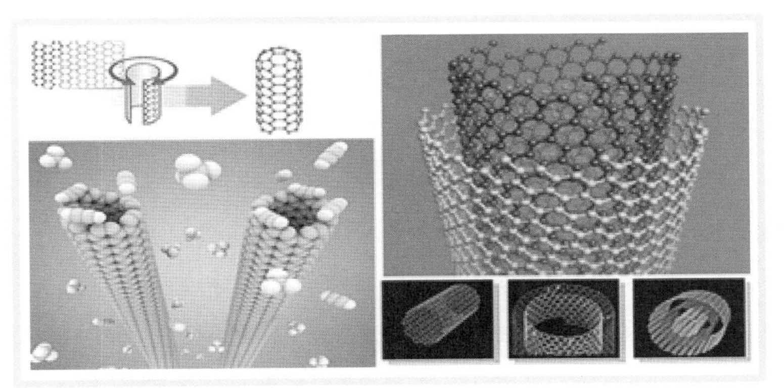

| 탄소 나노튜브

원자가 전자가 4개인 탄소 원자는 이웃하고 있는 다른 3개의 탄소와 각각 공유 결합하여 원자가 전자 1개가 남아 자유 전자로 작용한다. 그러므로 비금속 원소인 탄소로만 이루어져 있어도 탄소 나노 튜브는 전기 전도성이 매우 크다.

지름이 1nm 크기의 미세 분자인데 지름이 0.5nm~10nm인 원통형 탄소 나노튜브는 높은 인장력과 전기전도성을 갖고 있어 차세대 첨단소재로 각광받고 있다. 강도는 철강의 100배, 전기 전도도는 구리와 비슷하며, 열전도율은 다이아몬드와 비슷하다. 속이 비어 있어 가볍고 유연성이 뛰어난 물질이다.

탄소 나노튜브는 지름이 얼마냐에 따라 도체가 되기도 하고, 반도체가 되기도 하는 성질이 있어 차세대 반도체 물질로 매우 유용하다. 반도체와 평판 디스플레이, 연료 전지, 초강력 섬유, 생체 센서 등 다양한 분야에 두루 쓰이는 만능 소재로 불린다.

비어 있는 원통형 관 속에 수소를 저장해 연료 전지를 만드는 데 활용하거나 고 순도 정화 필터로 활용할 수도 있고, 무엇이든 잘 흡수하는 성질을 이용하여 레이더를 피할 수 있는 항공기 도료 성분으로 개발하려는 시도도 있다.

생.각.거.리.

탄소 나노튜브의 발견과 이용

탄소 나노튜브는 1985년 크로토(Harold Kroto)와 스몰리(Richard Smalley)가 탄소의 동소체인 풀러렌(탄소 원자 60개가 모인 것: C60)을 처음으로 발견한 이후, 1991년 NEC(일본전기회사) 부설 연구소의 이이지마 스미오(飯島澄男) 박사가 전기 방전 시 흑연 음극상에 형성된 탄소 덩어리를 투과 전자현미경으로 분석하는 과정에서 발견하여 『네이처』지에 처음으로 발표했다.

탄소 나노튜브의 다양한 쓰임새

탄소 나노튜브는 여러 특이한 성질을 가지고 있어서 나노 기술, 전기공학, 광학 및 재료공학 등 다양한 분야에서 유용하게 쓰일 수 있다. 특히 열전도율 및 기계적 · 전기적 특성이 매우 특이하여 다양한 구조 물질의 첨가제로도 응용되고 있다. 예를 들면 (주로 탄소섬유로 만들어지는) 야구방망이나 골프채, 자동차 부품, 다마스쿠스 강에 탄소 나노튜브를 소량 첨가하기도 한다.

나노테크놀로지에 대한 연구 성과가 발표되고 관심이 증폭되어 가는 중 나노튜브에 대한 위험성이 지적되었다.

2007년에 독성 연구가 시작되었고, 이후 발표되는 데이터는 아직 단편적이고 주관적으로 평가되고 있으나 위험성에 대한 경계는 계속되고 있다.

이 혼합물질의 유독성 판단에는 어려움이 많다. 샘플의 순도뿐 아니라 구조, 입도 분포, 표면, 표면 화학, 표면 전류, 집합체 상태가 탄소 나노튜브의 반응성에 민감한 영향을 미친다. 지금까지 발표된 바에 따르면 특정 상황에서는 탄소 나노튜브가 염증이나 섬유증과 같은 해로운 효과를 유도할 수 있다고 한다.

탄화수소

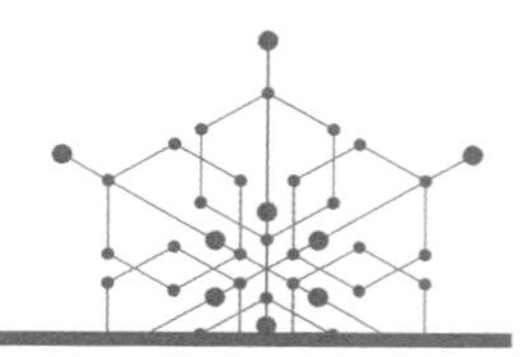

정의 탄화수소(炭火水素, hydrocarbon)는 탄소와 수소로만 이루어진 탄소 화합물이다. 가장 간단한 탄화수소는 탄소 원자 1개와 수소 원자 4개로 이뤄진 메테인(CH_4)이다. 우리가 가장 흔히 접하는 대표적인 탄화수소 물질은 석유다. 석유는 많은 종류의 탄화수소 물질의 혼합물인데 이 석유를 분별 증류하면 천연가스, 휘발유, 경유, 등유 등 연료와 화학 공업의 원료가 되는 많은 종류의 탄화수소를 얻을 수 있다.

정의 탄소 원자는 다른 원자와 결합할 때 결합에 관여하는 원자의 전자수가 4개다. 이는 다른 원자보다 결합 횟수가 많고 다양한 구조의 결합을 할 수 있으며, 또한 다양한 종류의 다른 원자와 쉽게 결합할 수 있어 자연에 매우 많은 탄소 화합물로 존재한다. 탄화수소는 탄소와 수소 두 가지 원소로만 만들어진 탄소 화합물이다. 탄소 원자는 화학 결합으로 분자를 만들 때 다른 원자와 4회의 공유 결합을 할 수 있고, 수소 원자는 1회의 공유 결합을 할 수 있다. 탄화수소는 분자의 모양 또는 탄소와 탄소의 결합 구조에 따라 다양한 종류로 분류할 수 있다.

탄소 원자와 탄소 원자가 연속적으로 결합하여 사슬이 연결되어 늘어나는 모양으로 생긴 탄화수소는 사슬 모양 탄화수소고, 탄소 원자 간 결합으로 고리를 만든 화합물은 고리 모양 탄화수소라 한다. 또한 탄소 원자와 탄소 원자가 결합할 때 두 원자 간 공유 결합이 1회이면 단일 결합, 2회이면 이중 결합, 3회이면 삼중 결합이라 한다. 두 원자 간 4회의 공유 결합은 거의 일어나지 않는다.

탄화수소의 종류를 분류할 때 탄화수소 분자를 이루는 탄소와 탄소 사이의 결합이 단일 결합으로만 이루어진 물질은 포화 탄화수소, 이중 결합이나 삼중 결합을 가진 물질은 불포화 탄화수소라 한다.

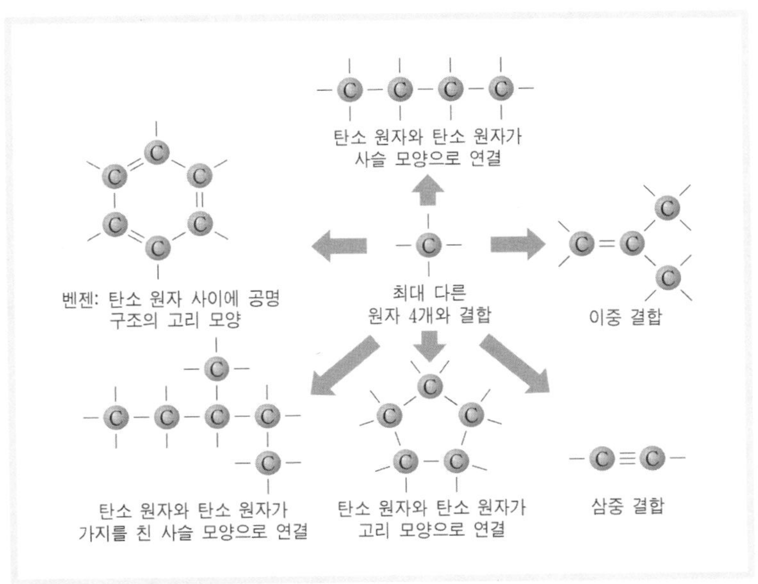

┃탄소 원자의 다양한 결합 방식의 예

여러 가지 탄화수소		특성				
모양 기준	탄소 간 결합 구조 기준	탄소 간 결합	종류 분류	일반식 (n은 정수)	종류 예시	
사슬 모양 탄화수소	포화 탄화수소	단일 결합	알케인	C_nH_{2n+2}	C_2H_6(에테인) C_3H_8(프로페인)	지방족 탄화수소
	불포화 탄화수소	이중 결합 1개 포함	알켄	C_nH_{2n}	C_2H_4(에텐) C_3H_6(프로펜)	
		삼중 결합 1개 포함	알카인	C_nH_{2n-2}	C_2H_2(에타인) H C C H	
고리 모양 탄화수소	포화 탄화수소	단일 결합	사이클로 알케인	C_nH_{2n}	C_3H_6 (사이클로 프로페인)	
	불포화 탄화수소	이중 결합, 공명 구조	벤젠류	C_6H_5R	C_6H_6(벤젠)	방향족 탄화수소

생.
각.
거.
리.

생활에서 만나는 탄화수소

가정에서 흔히 쓰는 도시 가스(LNG: liquefied natural gas, 액화석유가스)의 주성분이 탄화수소 중 가장 간단한 분자인 메테인(CH_4)이다. 흔히 메탄가스로 불려온 물질로, 원전에서 채취한 천연가스를 정제하여 얻은 메테인을 냉각한 후 압력을 가하여 액화시킨 연료다. 천연 가스를 -161℃로 냉각하여 액화한 것으로, 발열량이 매우 높고 비중이 공기보다 낮아 폭발하기는 어렵다. 그 이전에 가정이나 음식점에서 연료로 사용했던 흔히 프로판 가스로 불려온 LPG(liquefied petroleum gas)는 석유 성분 중 주성분이 프로페인(C_3H_8)과 뷰테인(C_4H_{10}) 등 끓는점이 낮은 탄화수소를 주성분으로 가스를 상온에서 가압하여 액화한 것이다. 가스통에 담긴 LPG 연료를 연결해서 사용한다.

석유는 수많은 종류의 탄화수소가 섞인 혼합물이다. 석유를 가열하여 끓이면 수많은 종류의 탄화수소가 끓는점에 따라 각각의 성분으로 분리되어 나온다. 분자 한 개를 구성하는 탄소 원자 수가 작을수록 끓는점이 낮아 일찍 분리되어 나오고 탄소 원자 수가 많을수록 끓는점이 높으므로 늦게 분리되어 나온다.

천연 석유, 즉 원유 속에는 불포화 탄화수소 및 방향족 탄화수소의 양은 매우 적다.

불포화 탄화수소인 에텐(C_2H_4), 프로필렌(C_3H_6), 부텐(C_4H_8) 등의 알켄류는 석유를 열분해하여 얻을 수 있고, 더욱 높은 온도에서는 아세틸렌(C_2H_2)도 생성시킬 수 있다. 또한 석유에 촉매를 사용하여 반응시키면 벤젠, 톨루엔, 크실렌 등의 방향족 탄화수소를 만들 수 있다. 이들 불포화 및 방향족 탄화수소는 석유 화학 공업의 중요한 원료로 폴리에틸렌, 폴리프로필렌, 폴리스티렌 등의 합성수지, 나일론, 폴리에스터 등의 합성 섬유와 폴리부타디엔, 폴리이소프렌 등의 합성 고무 등 고분자 화합물을 합성하여 다양한 탄화수소의 제품을 만든다.

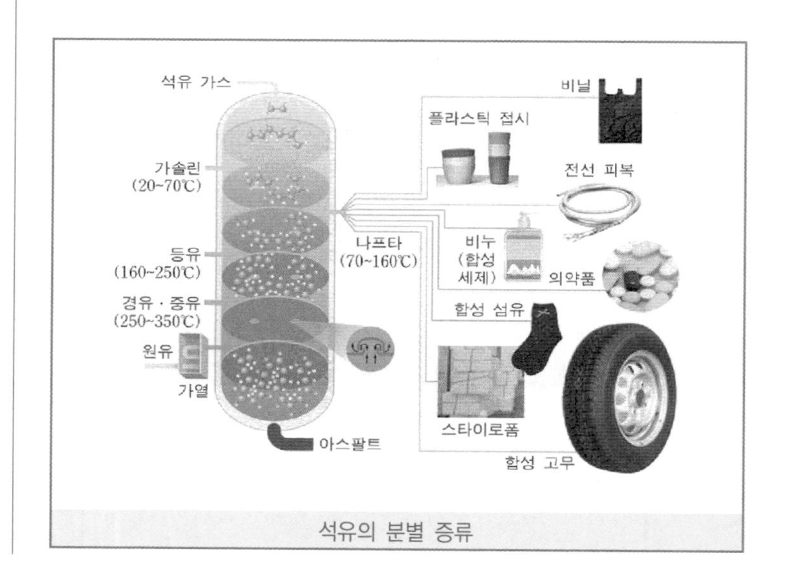

석유의 분별 증류

표준 산화 전위

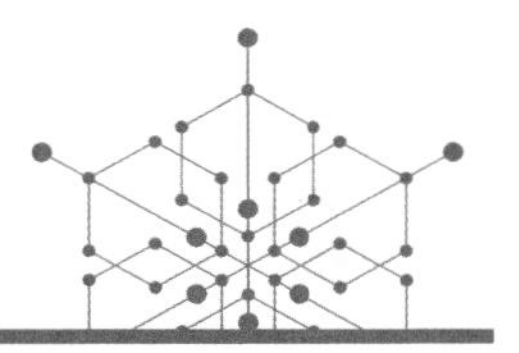

정의 표준 산화 전위(標準酸化電位, standard oxidation potential)는 1M(몰농도)인 수용액, 25℃ 1기압의 산화-환원 전지 반응에서 산화 반응이 일어나는 전지의 전위를 말한다. 酸化

해설 표준 환원 전위 값과 크기는 같고 부호만 반대인 값이다. 표준 환원 전위값과 마찬가지로 표준 상태에서 어떤 물질이 산화되거나 환원되려는 반응성의 세기를 나타낼 수 있는 값으로 사용될 수 있다.

표준 수소 전극의 전위값은 0.000V라고 정했으므로 표준 수소 전지와 다른 금속 전극의 반쪽 전지를 연결한 후 측정되는 전위차는 반쪽 전지의 전위다. 표준 산화 전위는 표준 수소 전극과 연결하여 전체 전지를 구성했을 때 연결된 반쪽 전지의 산화 반응에 대한 표준 산화 전위라 할 수 있다.

이때 측정되는 전위는 표준 환원 전위이므로 크기는 같고 부호가 반대인 값이 표준 산화 전위값이다.

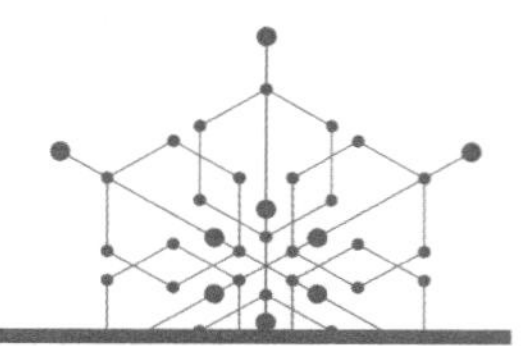

표준 수소 전극

정의 표준 수소 전극(標準水素電極, standard hydrogen electrode)은 수소 이온의 몰 농도가 1M인 수용액에 백금(Pt) 전극을 꽂고 1기압, 25℃의 수소 기체(H_2)를 전극 주위에 채워 놓은 반쪽 전지다.
전지의 전위차 측정을 위한 표준 전극 전지로 산화 · 환원 전위 값이 모두 0.00V인 기준 전지다.

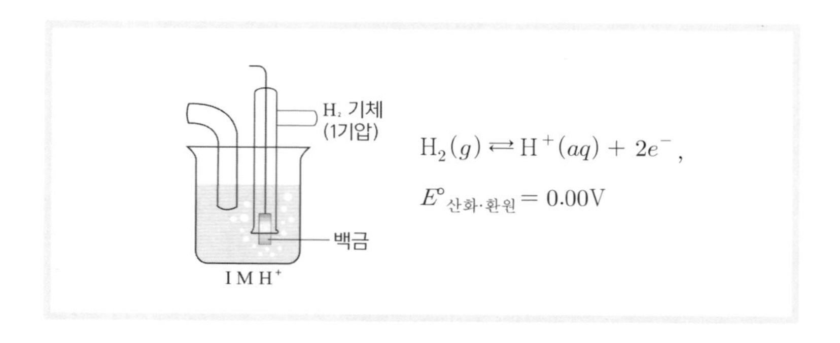

해설 전극은 백금(Pt) 전극이며 그 주위에 외부로부터 1기압의 수소 기체가 공급될 수 있도록 장치를 구성한 것이다. 전해질은 수소 이온 농도가 1M가 되도록 만든 것으로 "전해질의 수소 이온(H^+)은 다른 이온의 영향을 받지 않는다"는 것을 전제로 한다. 흔히 이를 "수소 이온의 활동도가 1"이라고 설명한다.

표준 수소 전극의 전위는 표준 전위의 기준 값으로 0.00V라 하고, 다른 반쪽 전지의 표준 환원 전위를 구할 수 있게 하는 기준 전지다. 표준 수소 전극에서 일어날 수 있는 산화·환원 반응과 표준 산화 전위 및 표준 환원 전위는 다음과 같이 쓸 수 있다.

$$H_2(g) \rightarrow H^+(aq) + 2e^-, \ E^\circ_{\text{산화}} = 0.00\text{V}$$

$$H^+(aq) + 2e^- \rightarrow H_2(g), \ E^\circ_{\text{환원}} = 0.00\text{V}$$

연결된 반쪽 전지의 전극 물질이 수소보다 전자를 잃고 산화되기 쉬우면 표준 수소 전극에서는 환원 반응이 일어나고, 반쪽 전지의 전극 물질이 산화되기 어려운 물질의 전극이면 표준 수소 전극에서 산화 반응이 일어난다.

생. 각. 거. 리.

아연 반쪽 전지의 표준 환원 전위 구하기

아연 반쪽 전지를 표준 수소 전극과 연결하여 전지를 구성한 후 전압계의 눈금으로 전압, 즉 두 반쪽 전지의 전위차를 측정한다.

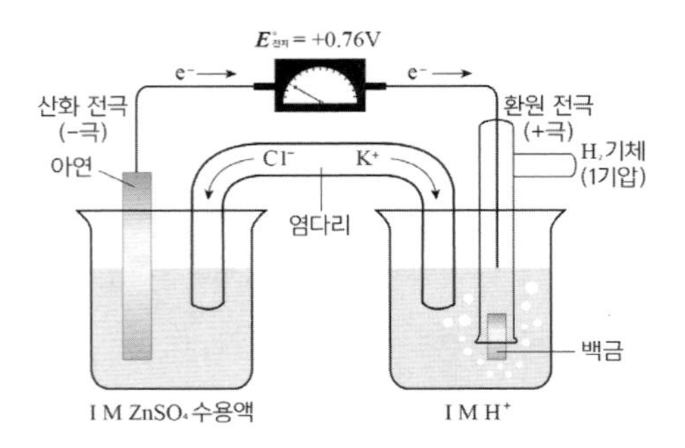

❶ 아연 반쪽 전지에서는 아연 금속판이 녹는 산화가 일어나고, 표준 수소 전극에서는 수소 이온이 전자를 얻는 환원 반응이 일어난다.

❷ 전압계로 측정되는 아연 반쪽 전지의 전위값 $E^{\circ} = 0.76\text{V}$ 이다.

❸ 아연 반쪽 전지에서는 아연 금속판이 이온화되는 산화가 일어나므로 이 값은 표준 산화 전위다. 그러므로 아연 반쪽 전지의 표준 환원 전위는 절대값은 같지만 부호가 반대인 $E^{\circ} = -0.76\text{V}$ 이다.

❹ 전지의 반쪽 반응과 전체 반응식, 반쪽 전지의 전위값과 표준 전지 전위와의 관계를 볼 수 있는 반응식은 다음과 같다.

산화 전극(-극): $\text{Zn}(s) \rightarrow \text{Zn}^{2+}(aq) + 2\text{e}^-$, $E^{\circ} = ?$

환원 전극(+극): $2\text{H}^+(aq) + 2\text{e}^- \rightarrow \text{H}_2(g)$, $E^{\circ} = 0.00\text{V}$

전체 반응: $\text{Zn}(s) + 2\text{H}^+(aq) \rightarrow \text{Zn}^{2+}(aq) + \text{H}_2(g)$, $E^{\circ} = 0.76\text{V}$

표준 전지 전위

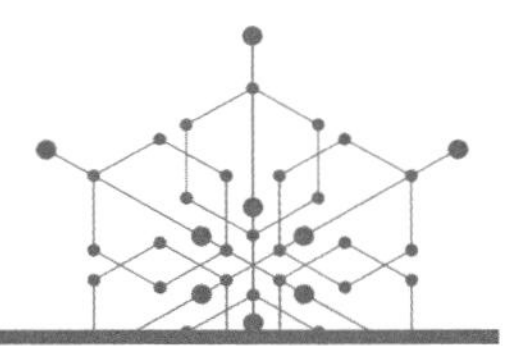

정의 화학 전지 내에서 산화-환원 반응이 일어나면 두 전극 사이에 전위차가 생겨 전자가 이동하는데, 이때 두 전극 사이의 전위차, 즉 전압을 전지 전위라고 한다.

전지의 전위는 전지의 전극을 이루는 물질의 종류, 전해질의 농도, 온도 등에 따라 다르다. 전해질의 농도는 1 M(몰농도), 기체의 반응이 일어나는 산화, 환원 반응이 일어나는 전지인 경우는 기체의 온도가 25℃, 압력이 1기압 일 때의 전지의 전위를 표준 전지 전위(標準電池電位, standard cell potential), 즉 $E°_{전지}$라 한다.

해설 1 M 수용액, 25℃, 1기압 조건으로 만든 두 개의 반쪽 전지를 연결하면 전류가 흐르는데 이때 두 반쪽 전지의 전위차를 표준 전지 전위라 한다.

두 반쪽 전지 사이에 연결된 도선에 전압계를 연결하면 표준 전지 전위를 측정할 수 있다. 산화-환원 반응에서 표준 전지 전위($E°_{전지}$)

가 (+)값일 때 반응이 자발적으로 일어나면서 전류가 흐르고 전지가 구성된 것이다.

표준 전지 전위는 두 반쪽 전지의 표준 환원 전위 값의 차이며, 전위 값을 나타내는 기호는 $E°_{전지}$로 표시한다.

건전지의 전위($E°_{전지}$)는 약 1.5V이고, 아연 금속과 구리 금속을 사용한 다니엘 전지의 전위($E°_{전지}$)는 약 1.1V이다. 다니엘 전지 구조에서 아연 대신 니켈을 사용하면 전지 전위($E°_{전지}$)가 약 0.6V이다.

$Cu^{2+}(aq) + 2e^-$	$\rightarrow$	$Cu(s)$	$E° = +0.34V$
$Ni^{2+}(aq) + 2e^-$	$\rightarrow$	$Ni(s)$	$E° = -0.26V$
$Ni(s) + Cu^{2+}(aq)$	$\rightarrow$	$Ni^{2+}(aq) + Cu(s)$	$E°_{전지} = 0.60V$

표준 전지 전위값의 크기는 두 반쪽 전지의 표준 환원 전위($E°$)의 차이가 클수록 크다. 이는 각 반쪽 전지에 사용되는 전극 금속의 반응성의 차이, 즉 금속의 이온화 경향의 차이가 크면 클수록 전위차는 크다.

또한 두 반쪽 전지 중에서 환원 전위값이 큰 반쪽 전지가 (+)극이고, 환원 전위값이 작은 반쪽 전지가 (-)극으로 작용하여 전체 전지가 구성된다.

전지의 표준 전지 전위는 전체 전지를 구성하여 전압계로 측정할 수 있지만, 각 반쪽 전지의 표준 환원 전위값을 이용하면 표준 전지 전위를 쉽게 계산할 수 있다.

$E°_{전지}$ = (환원 반응이 일어나는 반쪽 전지의 표준 환원 전위)
− (산화 반응이 일어나는 반쪽 전지의 표준 환원 전위)

간단히 정리하면

$E°_{전지}$ = (+)극의 환원 전위 − (−)극의 환원 전위

$$E°_{전지} = E°_{환원\ 전극} - E°_{산화\ 전극}$$

전지의 두 반쪽 전지를 연결하는 도선에 전기를 필요로 하는 전자 제품을 연결하면 외부에서 전기 에너지를 꺼내 쓸 수 있다. 높은 전압이 필요하면 전체 전지를 구성할 때 표준 환원 전위차가 큰 반쪽 전지를 선택하여 연결한다.

생.
각.
거.
리.

다니엘 전지의 표준 전지 전위($E°_{전지}$) 구하기

■ 다니엘 전지의 구조 및 표준 전지 전위 측정 장치 회로 꾸미기

❶ 반쪽 전지 아연 금속판과 1 M의 황산아연($ZnSO_4$) 수용액, 구리 금속판과 1 M의 황산아연($CuSO_4$) 수용액과 전압계, 염다리 등을 이용하여 그림과 같이 2개의 반쪽 전지를 연결한다.

❷ 전압계의 눈금을 읽어 전지 전위($E°_{전지}$)를 측정한다.

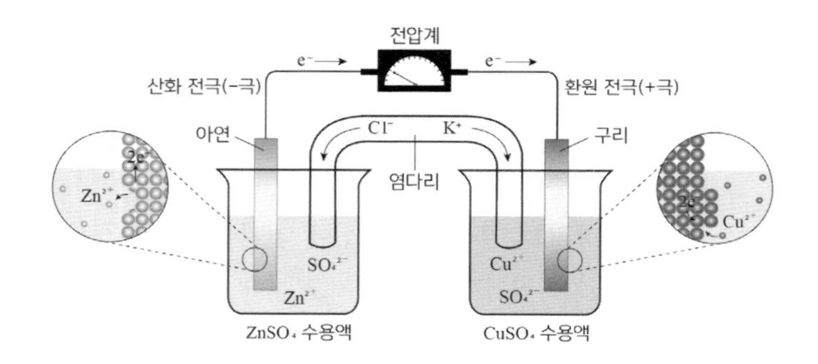

■ 표준 환원 전위값을 이용한 다니엘 전지의 표준 전지 전위($E°_{전지}$) 구하기

❶ 표준 전지 전위표에서 아연과 구리의 표준 환원 전위를 찾는다.

- 반쪽 전지의 표준 환원 전위:

$$Zn^{2+}(aq) + 2e^- \rightarrow Zn(s) \qquad E° = -0.76V$$
$$Cu^{2+}(aq) + 2e^- \rightarrow Cu(s) \qquad E° = +0.34V$$

❷ $E°_{전지} = E°_{환원전극} - E°_{산화전극}$ 식에 대입하여 표준 전지 전위를 구한다.

$$E°_{전지} = E°_{환원전극} - E°_{산화전극} = 0.34V - (-0.76V) = 1.10V$$

표준 환원 전위

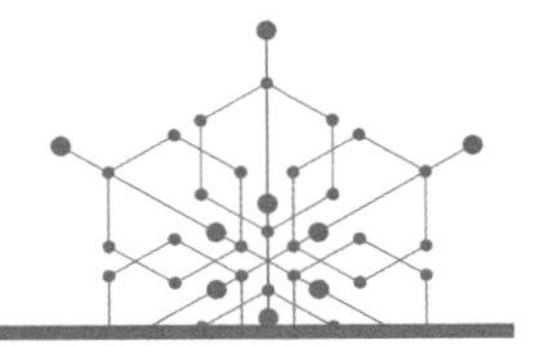

정의 표준 환원 전위(標準還元電位, standard reduction potential)는 표준 수소 전지와 환원 반응이 일어나는 반쪽 전지를 연결한 후 측정되는 전위를 말한다.

해설 표준 전극 전위는 반쪽 전지로는 측정이 불가능하므로, 측정하고자 하는 전지의 반쪽 전지를 표준 수소 전극과 연결하여 전체 전지를 구성하여 측정한다. 이때 측정되는 전위 값이 연결된 반쪽 전지의 환원 반응에 대한 표준 환원 전위라 한다.

표준 수소 전지는 수소 이온이 1M인 수용액에 백금(Pt) 전극을 꽂고 1기압, 25℃의 수소 기체(H_2)를 전극 주위에 채워 넣은 반쪽 전지다.

표준 수소 전지와 표준 상태의 다른 전극의 반쪽 전지를 연결하여 전압을 측정하면 반쪽 전지의 표준 환원 전위가 측정된다.

표준 수소 전극의 전위값은 0.000V라고 정했으므로 표준 수조 전지와 다른 금속 전극의 반쪽 전지를 연결한 후 측정되는 전위차는 반쪽 전지의 전위다.

표준 환원 전위는 전극 종류에 따라 다르다. 표준 전위가 (+)값으로 측정되면 수소 이온 H^+보다 전자를 받기 쉬워 환원 반응이 일어나기 쉬운 전지이고, (-)값으로 측정되면 수소 이온 H^+보다 환원되기 어려운 전극의 전지임을 알 수 있다.

측정된 표준 환원 전위가 클수록 환원되기 쉽고, 표준 환원 전위가 작을수록 산화되기 쉽다.

두 개의 반쪽 전지를 연결한 전지에서는 표준 환원 전위가 큰 쪽이 환원 전극(+극)이고, 작은 쪽이 산화 전극(-극)이다.

생.각.거.리.

금속의 이온화 경향과 표준 환원 전위

금속이 전자를 잃고 양이온이 되려는 반응성의 크기를 이온화 경향이라고 한다. 금속이 전자를 잃는 산화 반응의 상대적 세기를 비교하여 나타낼 수 있다. 표준 환원 전위도 물질이 산화되거나 환원되려는 반응의 상대적 세기를 비교할 수 있는 값이다.

■ 여러 가지 표준 환원 전위

반쪽 반응	표준 환원 전위(V)	환원되는 경향
$F_2(g)+2e^- \rightarrow 2F^-(aq)$	+2.87	환원되기 쉽다. ↑
$O_2(g)+4H^+(aq)+4e^- \rightarrow 2H_2O(l)$	+1.23	
$Ag^+(aq)+e^- \rightarrow Ag(s)$	+0.80	
$Cu^{2+}(aq)+2e^- \rightarrow Cu(s)$	+0.34	
$2H^+(aq)+2e^- \rightarrow H_2(g)$	**0.00**	
$Pb^{2+}(aq)+2e^- \rightarrow Pb(s)$	−0.13	
$Ni^{2+}(aq)+2e^- \rightarrow Ni(s)$	−0.26	
$Fe^{2+}(aq)+2e^- \rightarrow Fe(s)$	−0.45	
$Zn^{2+}(aq)+2e^- \rightarrow Zn(s)$	−0.76	
$2H_2O(l)+2e^- \rightarrow H_2(g)+2OH^-(aq)$	−0.83	
$Al^{3+}(aq)+3e^- \rightarrow Al(s)$	−1.66	
$Mg^{2+}(aq)+2e^- \rightarrow Mg(s)$	−2.37	

할로젠 원소

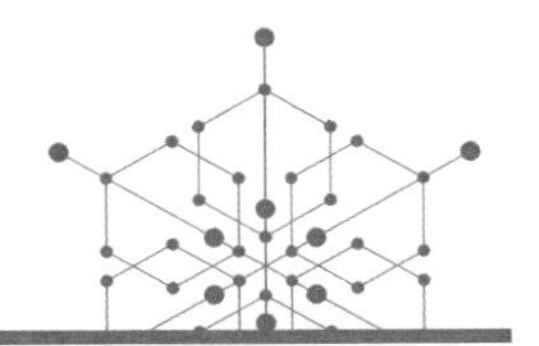

정의 할로젠(halogen) 원소는 주기율표의 17족에 속하는 원소다. F(플루오린), Cl(염소), Br(브롬), I(아이오딘), At(아스타틴), Uus (우눈셉튬) 6가지다. 할로겐 원소들의 전자배치는 공통적으로 최외각 전자가 7개로 옥텟 구조의 전자 배치보다 전자가 1개 부족한 상태다. 즉, 주기율표의 같은 주기에 있는 원자 번호가 하나 더 큰 18족 비활성 기체보다 전자 1개가 적다. 그러므로 전자 친화도가 크고 전자 1개를 받아서 -1가의 음이온을 형성하려는 경향이 강하다. 이렇듯 반응성이 크기 때문에 주로 다른 원소와 화합물의 상태로 존재한다.

해설 할로젠 원소는 대부분 반응성이 큰 원소여서 금속 염 형태로 존재한다. 최외각 전자를 1개 갖고 있는 수소를 비롯한 1족 알칼리 금속 원소와 격렬하게 반응하여 염을 생성한다. 할로젠은 할로젠화 이온을 산화시켜서 얻는다.

할로젠 원소는 비금속을 나타내며 할로젠이 홑원소 물질일 때에는 두 원자가 서로 결합하여 2원자 분자의 형태가 된다. 녹는점과 끓는점은 원자 번호가 증가함에 따라 높아진다. 상온에서 F_2와 Cl_2는 기체 상태이고, Br_2은 액체 상태, I_2는 고체 상태다. 할로젠의 반응성은 원자 번호가 작은 플루오린(F_2)이 가장 크고, 원자 번호가 클수록 반응성이 작아지는 경향을 보인다.

이 원소들의 대부분은 독성이 강하므로 기체를 직접 흡입하거나 접촉하지 않도록 주의해야 한다. 산화력은 $F_2 > Cl_2 > Br_2 > I_2$이며, 환원력은 $F^- < C^- < Br^- < I^-$이다.

원소 중 존재비율은 염소가 가장 높고, 이어 플루오린, 브로민, 아이오딘 순으로 많다. 그중 아스타틴은 크지는 않지만 방사성을 가지고 있으며, 우눈셉튬은 주기율표상에 17족 7주기에 속하는 할로젠 원소로 분류되지만 그 성질은 다른 할로젠 원소들과 차이가 있을 것으로 추정하고 있다.

이 원소들을 할로젠 원소라 부르는 것은 할로젠 원소들은 전자 1개를 받아서 -1가의 음이온을 형성하려는 경향이 커 +1가 양이온이 되기 쉬운 알칼리 금속과 화합하여 물에 녹기 쉽고, 소금과 비슷한 모양을 가진 전형적인 염을 만들기 때문에 "소금을 만든다"는 뜻의 그리스어 halos genes에서 유래했다.

할로젠 원소는 그동안은 F(플루오린), Cl(염소), Br(브롬), I(아이오딘), At(아스타틴) 5가지만 공인되어 원소의 주기율표에 113번까지만 등재되었으나, 2015년 12월 30일 IUPAC에서 Uus(우눈셉튬)을 원소로 공인하여 원자 번호 117번, 17족 원소로 등재되었다.

생.
각.
거.
리.

할로젠 원소가 들어 있는 물질

할로젠 원소는 우리 생활에서 흔히 사용하는 여러 가지 물질 속에 들어 있다.

플루오린은 충치 예방, 염소는 수돗물 살균 및 표백제 성분, 브로민은 사진 필름, 아이오딘은 상처 소독제의 성분으로 활용하고 있다. 하루에도 몇 번씩 사용하는 치약 속에는 플루오린 성분이 들어 있다. 오래 전부터 불소라 알려진 불소 성분인 플루오린화 이온(F^-)이 치아 법랑질의 결정구조를 안정화시켜 세균 때문에 생기는 산에 치아의 법랑질(琺瑯質, tooth enamel)이 녹는 것을 방지하고 칼슘 공급을 촉진한다. 요즘은 치과에서 이러한 플루오린의 특성을 충치 예방을 위한 불소도포 방법에 적극 활용하기도 한다. 또한 상수도 정수장에 불소 투입기를 설치해 불소용액을 섞는 수돗물 불소 농도 조정 사업으로 아예 수돗물의 불소이온 농도를 적정 수준으로 유지하여 충치를 예방하는 수돗물 관리가 시행되기도 한다. 이 사업은 불소 섭취가 적정 수준을 넘으면 플루오린화 이온이 물속의 유기물과 반응하여 생성된 물질이 심각한 건강 문제(뼈불소증과 치아불소증, 골절, 불소중독, 암 등)를 일으킬 수 있다는 주장으로 수돗물 불소화를 반대하는 목소리도 있다. 더 나아가 우리 생활 속에 깊숙이 들어와 있는 플라스틱은 화학제품 중 할로젠 원소가 포함되어 있는 대표적인 물질이다. 최근 EU의 환경 유해 물질의 규제 RoHS(Restriction of the use of Hazardous Substances in EEE, 전기 전자 제품 유해 물질 사용 제한 지침)와 더불어 Halogen Free를 주장하며 오늘날 플라스틱 대체 물질의 필요성이 대두하고 있다.

할로젠 화합물은 EU의 RoHS에서 제한하는 대표적 유해 물질로,

인체 독성 및 내분비 장애를 유발하는 것으로 알려졌으며 납, 수은, 카드뮴, Cr^{3+}, 브로민계 난연제(PBB, PBDE)를 6대 유해 물질로 지정하고 전기전자제품에 사용하는 것을 제한해왔다.

염소가 포함되어 있는 대표적인 플라스틱 PVC는 전기 절연성, 내구성, 방수성 등의 성질이 있어 가전제품의 외장재 및 차량의 내장재 등 전기전자통신 장비 등에 많이 이용되고 있다. 할로겐 원소가 포함된 플라스틱이나 합성 재료들은 화재 시 유독성 가스를 발생시키기 때문에 비할로겐(Halogen Free) 제품 개발에 대한 요구가 증가하고 있다.

여러 가지 Halogen Free

헤스의 법칙

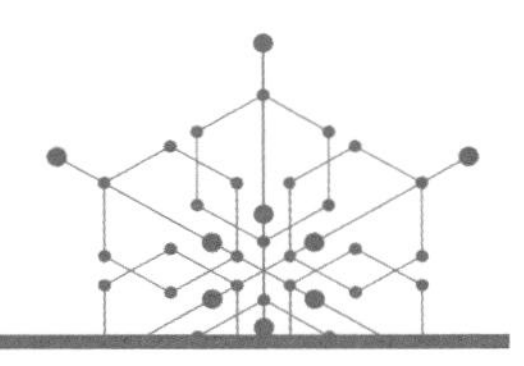

정의 헤스의 법칙(Hess' law)은 물질의 화학 변화에서 반응 전후의 물질의 종류와 상태가 같으면 반응 경로가 달라도 방출하거나 흡수하는 열량은 항상 일정하다. 총 열량 불변의 법칙이라고도 한다.

해설 스위스 출신의 러시아 화학자 헤스(Germain Henri Hess, 1802~1850)가 반응열을 계통적으로 측정하여 화학 반응 시 출입하는 총 열량 불변의 법칙을 이끌어냈다.
염산과 수산화나트륨의 중화 반응에서 반응의 경로에 따른 반응열 관계를 헤스 법칙으로 설명하면 다음과 같다.

$$\Delta H_1 + \Delta H_2 = \Delta H_3$$

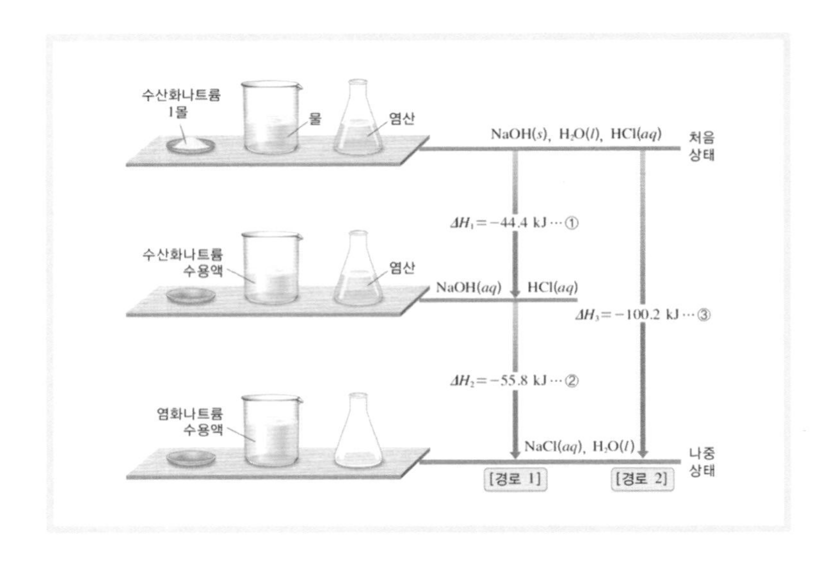

고체 수산화나트륨과 물과 염산의 혼합 시 발생하는 총 반응열(ΔH_3)은 고체 수산화나트륨을 물에 녹일 때 발생하는 용해열(ΔH_1)과 수산화나트륨 수용액과 염산의 중화 반응열(ΔH_2)을 합한 값과 같다. 이는 처음 반응물의 종류와 생성물의 종류가 같으면 중간 과정에서 어떤 과정을 거치든 관계없이 반응열의 총합(ΔH_3)은 같다는 것이다.

생. 각. 거. 리.

헤스 법칙의 이용

탄소가 완전 연소되어 물과 이산화탄소가 생성되는 완전 연소 반응의 반응열은 실험으로 직접 측정할 수 있다. 그러나 탄소가 불완전 연소되어 일산화탄소가 생성되는 반응은 탄소의 일부가 완전히 연소되어 이산화탄소를 발생하는 반응이 같이 일어나기 때문에 반응열을 실험으로 직접 측정하기 어렵다.

이런 경우에는 이 반응과 관계있으면서 반응열을 이미 알고 있는 다른 열화학 반응식을 이용하여 구할 수 있다.

예를 들어 탄소의 불완전 연소 반응으로 생기는 일산화탄소의 생성열은 이산화탄소의 생성열과 이산화탄소의 상태 변화 시 반응열을 이용하여 구할 수 있다.

$$C(s)+O_2(g) \longrightarrow CO_2(g), \quad \Delta H_1 = -393.5\text{kJ} \cdots ①$$

$$C(s)+\frac{1}{2}O_2(g) \longrightarrow CO(g), \quad \Delta H_2 = ? \cdots ②$$

$$CO(g)+\frac{1}{2}O_2(g) \longrightarrow CO_2(g), \quad \Delta H_3 = -283.0\text{kJ} \cdots ③$$

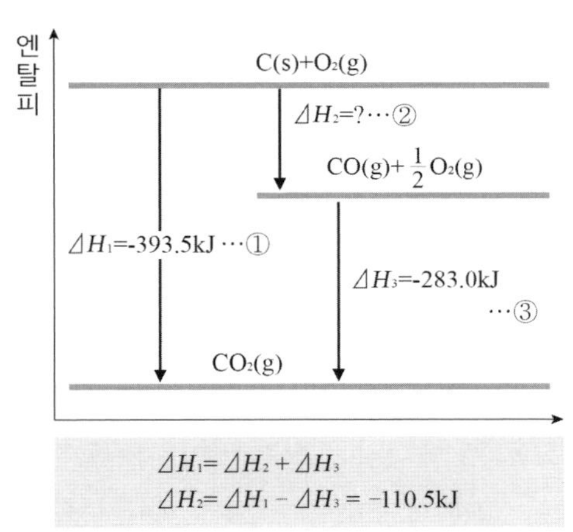

헤스의 법칙 비유

등산을 할 때 정상으로 가는 길은 여러 갈래가 있지만 올라간 높이나 에너지의 변화는 정상을 오르는 경로에 관계없이 같다.

혼성 오비탈

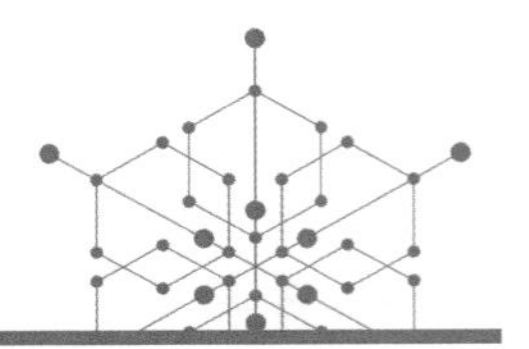

정의 혼성 오비탈(hybrid orbital)은 한 개 원자 속의 서로 다른 오비탈들이 혼합되어 변화된 새롭게 만들어진 오비탈이다. 원자들이 분자를 만들 때 결합에 참여하는 오비탈을 변형해서 분자가 만들어졌을 때 에너지 준위가 낮아지도록 하는 것이다. 분자의 화학 결합을 쉽게 설명할 수 있도록 제안하는 새로운 오비탈이다.

해설 원자 속에 들어 있는 전자는 원자핵에서 일정하게 떨어진 위치에서 운동성을 가지고 있다. 그러나 전자의 위치는 정확히 알 수 없으므로 수학적인 확률로 전자가 있을 만한 곳을 나타내는데, 이 전자의 위치인 확률 분포의 공간을 오비탈이라 한다. 전자가 존재할 확률적 위치는 슈뢰딩거 방정식을 이용하여 계산한다.
이러한 원자들이 결합하여 분자를 만들 때 원자들의 최외각 전자 껍질의 오비탈 속에 들어 있는 전자들이 공유 전자쌍을 만들어 공유 결합한다. 즉, 원자들의 오비탈들이 겹쳐지고 그 곳의 전자들이 공유되어 결합을 형성하는 것이다.

그러나 실제 분자의 오비탈 모양은 단순히 원자 오비탈을 겹쳐서 만들어진 모양이 아니고 원자의 오비탈들의 방향도 원래의 오비탈과는 전혀 다른 구조다.

이러한 분자들의 화학 결합을 쉽게 설명할 수 있도록 원자 오비탈을 합하여 제안하는 새로운 오비탈을 혼성 오비탈(hybrid orbital)이라 한다.

이를 이용하면 실험적으로 알아낸 분자의 구조, 결합각, 결합력 등 분자들의 특성 등을 잘 설명할 수 있다.

혼성 오비탈을 갖는 원자는 탄소, 질소, 산소 등이 있다.

탄소 원자는 모두 6개의 전자를 가지고 있다. 탄소 원자의 전자 배치를 보어 모형으로 설명하면, 총 6개의 전자 중 2개의 전자는 K껍질에 있고, 4개는 바깥 껍질인 L껍질에 있다.

이중 맨 바깥의 L전자껍질 속에 있는 전자인 원자가 전자 4개가 화학 결합에 참여한다. 탄소 원자는 원자가 전자가 4개이므로 공유 결합을 4회 할 수 있어 다양한 원소들과 다양한 결합으로 매우 많은 종류의 화합물을 만들 수 있다고 해석할 수 있다. 그러나 탄소 원자의 전자 배치는 보어가 제안한 전자껍질에 있는 것이 아니고 현대 모형은 오비탈 모형으로 설명한다.

탄소 원자의 오비탈 전자 배치는 $1s^2\,2s^2\,2p^2$이고, 최외각 L전자껍질에 있는 $2s$ 오비탈과 $2p$ 오비탈에 있는 원자가 전자 4개가 공유 결합에 참여하여 분자를 만들 수 있는 것이다.

s 오비탈과 p 오비탈을 그림으로 표현하면 다음과 같다.

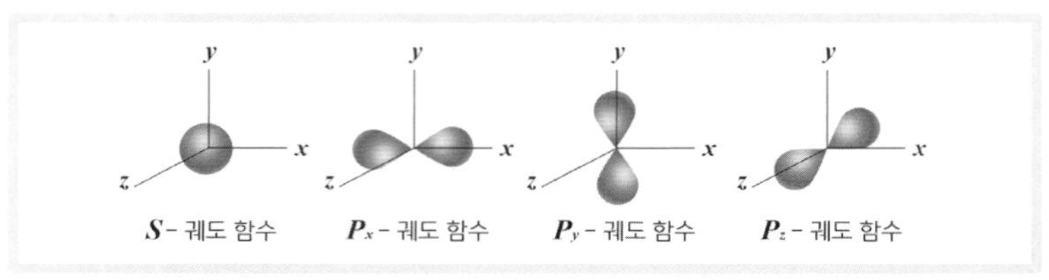

| s 오비탈과 p 오비탈의 공간 배열

그런데 많은 탄소 화합물의 분자 구조, 결합각, 결합력 등을 분석하면 탄소 원자가 바닥상태인 전자 배치에서 결합하는 과정으론 설명이 안 된다.
예를 들면 탄소 원자 1개가 수소 원자 4개와 결합한 메테인(CH_4분자)를 만들려면 공유 결합에 참여하는 전자는 최외각 전자껍질 속의 전자 4개가 홀전자여야 하는데 $2s$오비탈엔 전자 2개가 쌍을 이루고 있고, 홀전자는 $2p$오비탈에 2개밖에 없기 때문에 4개의 수소 원자와 4회의 공유 결합을 설명할 수가 없다.

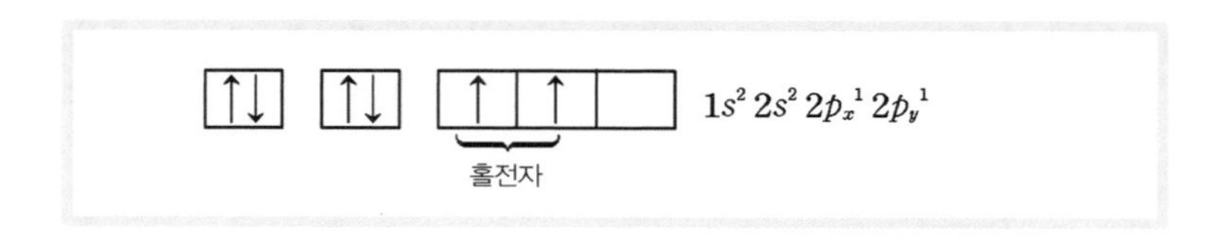

탄소 원자가 다른 원자와 공유 결합을 할 때 4회의 공유 결합하는 것을 설명하기 위해서는 들뜬 상태의 전자 배치가 이루어지는데 탄소 원자의 들뜬 상태의 전자 배열은 다음과 같다.

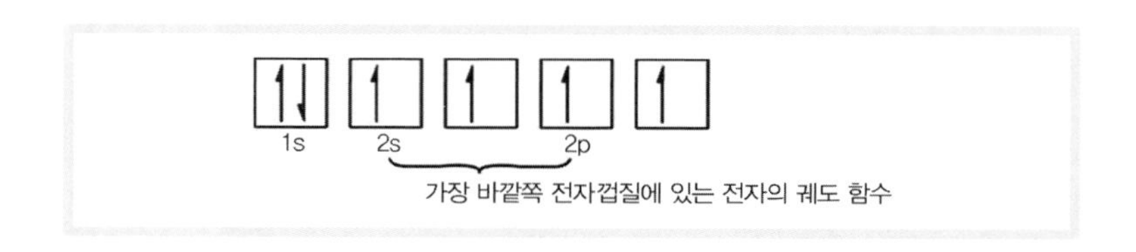

들뜬 상태에서도 이때 $2s$와 $2p$에 있는 전자 4개가 항상 독립적으로 각각 화학 결합에 참여하는 것이 아니다. 다음과 같이 $2s$와 $2p$ 오비탈의 궤도 함수가 섞여 새로운 궤도 함수가 된 후 결합에 참여한다. 이와 같이 오비탈이 섞여 새로 형성된 오비탈을 혼성 오비탈(hybrid orbital)이라고 하는 것이고, 1개의 $2s$ 오비탈과 3개의 $2p$ 오비탈이 섞여 만들어진 혼성 오비탈(hybrid orbital)을 sp^3 오비탈이라고 한다. sp^3 혼성 오비탈은 아래 그림과 같이 s오비탈과 p오비탈이 혼합하여 새로운 4개의 혼성 오비탈(hybrid orbital)이 된다.

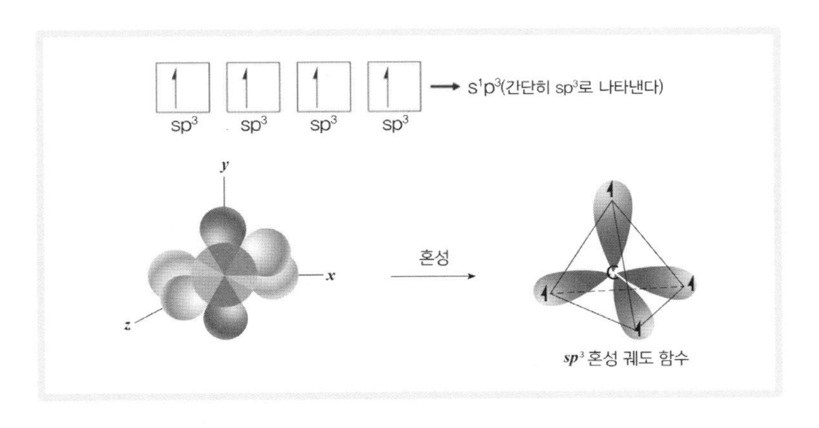

이 sp^3 혼성 오비탈의 끝부분을 연결하면 정사면체 모양이 된다. sp^3 혼성 오비탈은 탄소가 왜 사면체 모양으로 공유 결합을 형성하는지를 잘 설명할 수 있다.

탄소화합물 메테인 분자에서 홀 전자가 2개인 탄소 원자가 어떻게 수소 원자 4개와 결합할 수 있는지를 설명할 수 있다.

탄소 원자의 sp^3 혼성 오비탈은 메테인(CH_4, Methane) 분자의 탄소 원자와 수소 원자 사이의 결합 길이와 결합각이 같은 정사면체 구조인 것을 설명할 수 있다.

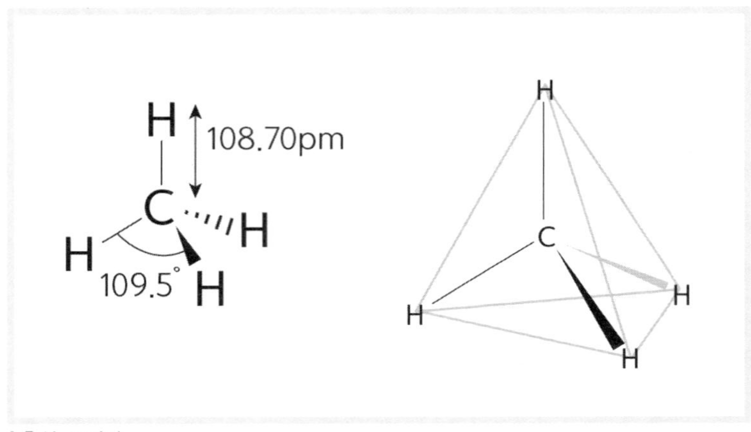

| 혼성 오비탈

또한 탄소의 4개 오비탈 중 1개의 $2s$ 오비탈과 2개의 $2p$ 오비탈이 혼성되어 3개의 동일한 오비탈(sp^2 혼성 오비탈)을 형성하고 $2p$ 오비탈 한 개는 혼성되지 않은 채 남아 있게 되는데, 이것은 불포화탄화수소인 에틸렌과 같은 화합물의 결합을 설명할 수 있다.

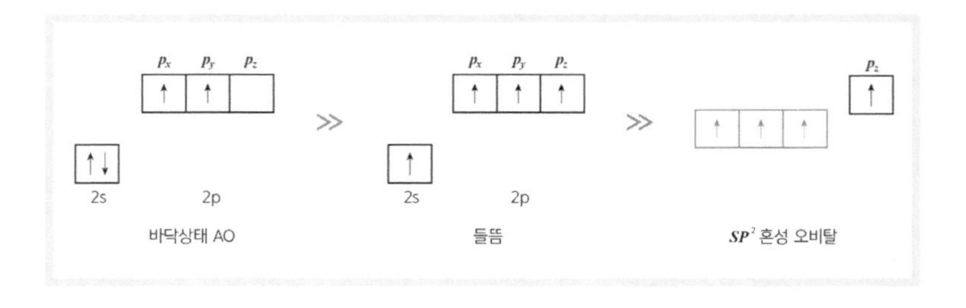

탄소 원자 최외각 껍질의 오비탈들이 혼성하여 3종류의 혼성 오비탈 sp, sp^2, sp^3을 만들 수 있다. sp 오비탈은 s오비탈 1개에 p오비탈 1개가 혼성된 것이고, sp^2는 s오비탈 1개에 p오비탈 2개, sp^3 오비탈은 s오비탈 1개와 p오비탈 3개가 혼성되어 만들어진 것이다.

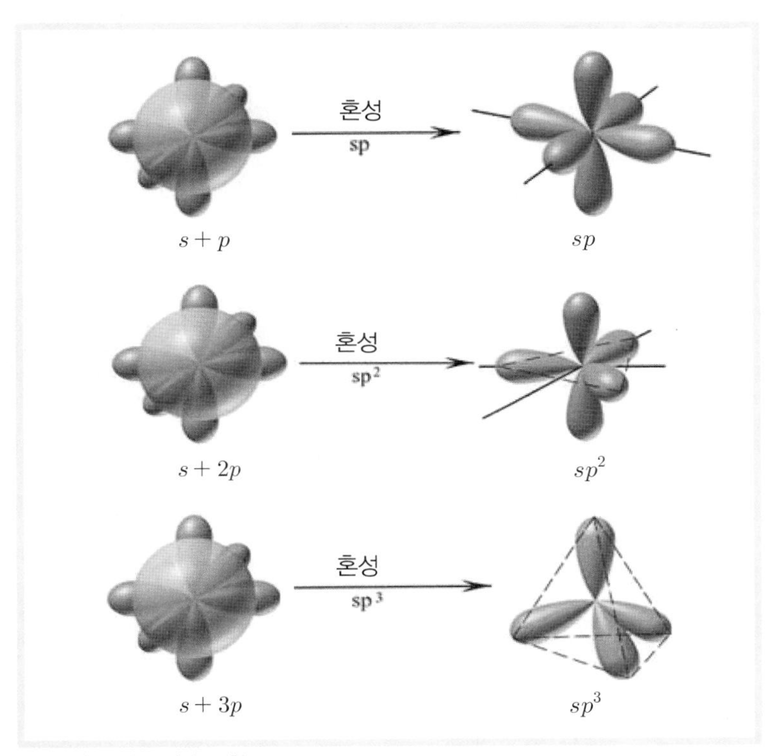

Ι수소 원자의 오비탈 모형

혼성 오비탈의 개수는 혼합된 원자 오비탈 개수의 합과 같다. sp 오비탈의 개수는 2개, sp^2는 3개, sp^3는 4개이다.

만들어진 혼성 오비탈 각각의 모양은 같으며 오비탈에 들어 있는 전자의 반발력이 최소가 되도록 배치된다.

sp 오비탈의 구조는 직선형이고, sp^2 오비탈은 삼각형, sp^3 오비탈은 정사면체로 분자들의 결합각을 설명할 수 있다.

혼성 오비탈

생.
각.
거.
리.

혼성 오비탈을 생각해낸 평화주의자

원자들 간의 공유 결합을 설명할 때 혼성 오비탈 개념을 처음으로 도입한 화학자는 미국의 라이너스 칼 폴링(Linus Carl Pauling, 1901~1994)이다. 폴링은 노벨 화학상과 노벨 평화상을 수상한 과학자이자 반핵 운동가이다. 폴링은 물질의 물리적·화학적 성질이 원자들의 결합 구조와 어떤 관계가 있는지를 연구했고, 1954년에 「화학 결합의 본질과 그것을 이용한 복잡한 물질들의 구조 규명에 관한 연구」로 노벨 화학상을 수상했다.

폴링은 어린 시절부터 대단한 독서광이자 실험광이었다. 폴링의 초등학교 친구인 로이드는 자기 방에 작은 화학 실험실을 가지고 있었는데, 그 실험실에서의 실험이 폴링을 화학공학자로 이끈 계기가 되었다고 한다.

고등학생이 된 폴링은 화학 관련 서적을 탐독하는 한편 할아버지가 수위로 근무하던 제철소에서 갖은 실험 기구와 재료를 가져와 화학 실험을 계속했다. 그의 엄청난 화학 지식에 감탄한 화학 담당 선생님은 방과 후 실험을 돕도록 했다.

오리건주립농과대학(현 오리건주립대학교) 화학공학과에 진학한 폴링은 경제적으로 매우 어려워 값싼 구내식당에서 먹는 한 끼로 하루를 버티면서 온갖 아르바이트를 해야 했다. 장작을 패고, 청소를 하고, 여학생 회관의 주방에서 고기 써는 일을 했다. 2학년 여름방학에는 아스팔트 성분을 시험하는 일자리를 구해 돈을 벌어 쓰고 남은 돈을 집에 보냈다. 2학년 마칠 무렵 어머니가 폴링에게 휴학을 하고 일을 도와달라고 하던 참에 화학 교수가 일 년 동안 정량 화학을 가르치는 일자리를 주었다.
파란만장한 대학생활을 이겨내고 1922년 졸업한 폴링은 저명한 화학자 노이즈에게 발탁되어 캘리포니아공과대학 대학원에서 X선 구조결정학을 연구했으며, 몰리브덴 광을 비롯한 다섯 가지 결정의 원자 구조를 밝혀냈다. 1925년 폴링은 물리화학과 수리물리학에서 박사학위를 받았다.
이후 2년 동안 유럽에서 박사 후 과정 연구원으로 돌면서 조머펠트, 보어, 슈뢰딩거, 브래그 같은 저명한 과학자들을 선생으로 만나 식견을 넓혔다. 그는 1927년 화학과 조교수로 캘리포니아공과대학으로 돌아와 1931년 정교수가 되었으며, 1936년부터 1958년까지 20여 년간 게이츠 앤드 크렐린 화학연구소 소장을 지냈다.

화석연료

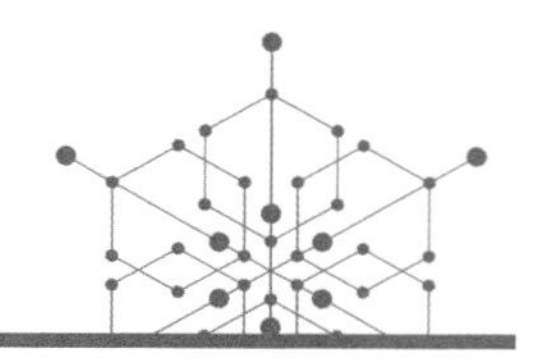

정의 동물과 식물이 땅 속에 묻혀 열과 압력의 영향을 받아 탄화되어 생성된 광물을 화석연료(化石燃料, fossil fuel)라 한다. 화석연료에는 석탄과 석유, 석유가스, 오일샌드 등이 있다. 석탄은 식물이 탄화되어 생성된 것이고, 석유는 명확하진 않지만 대체로 바다의 미생물, 동물의 사체 등이 탄화되어 생성된 것으로 설명한다. 이러한 물질은 지질시대의 고생대와 중생대 지층에서 주로 발견된다.

해설 탄화(炭化)는 탄소, 수소, 산소 등으로 이루어진 물질(유기물)이 열과 압력의 영향으로 수소와 산소 성분은 기체로 빠져나가고 탄소 성분만 주로 남는 변화를 말한다.
동식물을 이루는 유기물의 주성분은 탄소, 수소, 산소, 황, 인 등이므로 화석연료의 주성분 또한 이러한 성분이며, 그중 탄소의 함량이 가장 높다.
석탄은 자연에서 고체로 발견되는 물질로 주성분은 탄소다. 석유는 자연에서 수많은 물질들이 액체 상태로 혼합되어 있는 물질로, 주로 탄소, 수소가 주성분인 탄화수소 혼합물이다. 천연가스는 유전 근처에서 석유와 함께 산출되는 것으로 주로 메테인(CH_4)이 주성분이며, 오일샌드는 원유를 흡수하고 있는 모래를 의미하나 원유를 포함하고 있는 퇴적암석도 포함한다.

화석연료는 탄소와 수소로 이루어진 광물로, 연소시킬 때 매우 많은 열량을 낸다. 화석연료는 산업혁명이 시작된 18세기 중엽 이후 사용이 급증하여 오늘날까지 주요 에너지원으로 쓰이고 있다. 그러나 화석연료의 연소 과정에서 발생하는 여러 가지 독성 물질과 이산화탄소 발생량 증가로 지구온난화가 급속히 진행되어 심각한 환경 문제를 일으켜왔다. 이에 화석연료 사용을 줄이고 이를 대체할 수 있는 에너지 개발 연구가 현대 모든 나라의 과제다.

생.
각.
거.
리.

현대 생활과 화석연료

화석연료는 열을 발생시키는 연료뿐 아니라 현대사회에서 생활을 윤택하게 하는 많은 물건을 만드는 재료이기도 하다.

석탄의 쓰임새

석탄은 요즘에는 사용량이 매우 줄어든 화석연료로, 예전에 가정의 난방이나 공장에서 열원으로 많이 사용했다. 현재는 가정용보다는 공업 분야에서 사용량이 많으며, 특히 화력발전의 연료로 주로 사용되고 있다.

석유의 쓰임새

석유는 많은 종류의 탄화수소가 혼합되어 있는 물질로 끓는점의 차이를 이용하여 분별 증류하여 분리할 수 있다. 분리된 다양한 종류의 탄화수소는 물질의 특성에 따라 여러 분야의 화학 공업에서 원료로 사용된다.

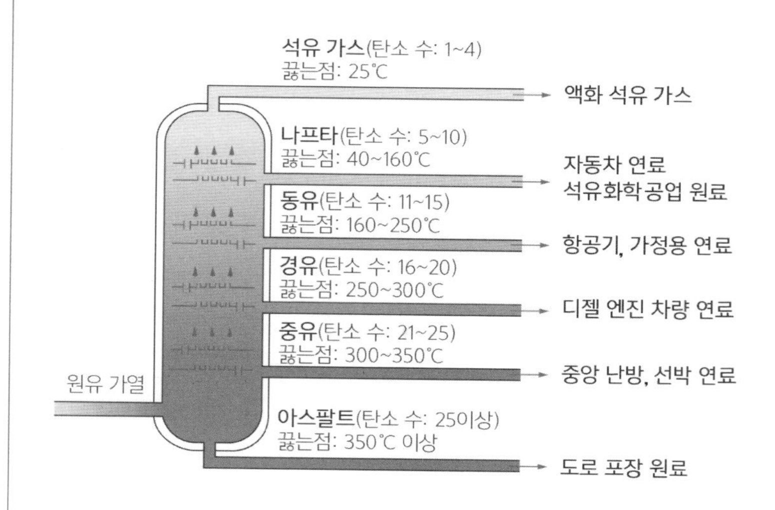

석유는 거의 모든 교통수단의 연료로 많이 쓰이고 있다. 승용차는 휘발유, 트럭은 경유, 화물선은 중유 등이 이용된다.
그러나 근대에 들어 석유는 연료뿐만 아니라 다양한 화학제품의 주요 원료로 쓰여 우리 생활과 광범위하게 밀접해 있다.
대표적으로 화학섬유는 우리 의생활에 획기적인 영향을 주었다. 면이나 견(비단)과 같은 천연섬유를 대신해서 나일론을 비롯하여 폴리에틸렌, 폴리에스테르 등의 합성섬유로 저렴하고도 품질 좋은 옷을 만들 수 있게 됨에 따라 의복 문화를 크게 바꿔놓았다.
또한 오늘날 우리 생활에서 없어서는 안 될 플라스틱은 원유에서 분리한 나프타(끓는점이 30~200℃ 범위에 있는 탄화수소 화합물의 혼합물)를 원료로 합성한 대표적인 화학제품이다. 가전제품, 생활용품, 가구, 전기용품, 비닐 등 생활용품에서부터 20세기 현대에 들어서는 전기전도성 플라스틱과 같은 고기능성 플라스틱을 개발함으로써 정보화 기기의 발전을 가능하게 하고 있다. 전도성 플라스틱은 유기 물질을 이용한 전기 발광소자(OLED 디스플레이), 구부릴 수 있는 플랙서블 디스플레이, 가볍고 투명한 태양전지 등을 개발했으며, 인공뼈와 같은 생체 재료로 의학 분야에도 사용되고 있다.
오늘날 각종 교통수단의 바퀴를 만드는 합성고무도 석유를 원료로 화학 공정을 통해 만들어낸 제품이다. 이와 같이 화석연료는 연료를 넘어 우리 생활을 윤택하게 하는 많은 생활용품을 제공하고 있다.

화학 전지

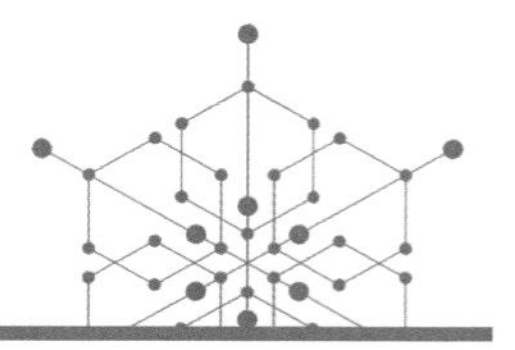

정의 화학 전지(化學電池, chemical cell)는 자발적인 산화–환원 반응을 이용하여 화학에너지를 전기에너지로 바꾸는 장치로, 최초의 화학 전지는 1800년대 이탈리아의 볼타가 개발한 볼타 전지다.

해설 전기가 도선을 따라 흐르는 원리는 금속의 반응성의 크기 차이 때문에 생기는 현상이다. 금속은 전자를 잃고 양이온이 되는 경향을 나타내는데 반응성이 커서 전자를 잃고 양이온이 되기 쉬운 금속은 이온화 경향이 강하고, 반응성이 작아서 전자를 잃기 쉽지 않은 금속은 이온화 경향이 약하다.

금속은 반응성이 큰 금속과 반응성이 작은 금속을 연결하면 반응성이 더 큰 금속에서 반응성이 작은 금속 쪽으로 전자가 이동한다. 이것은 반응성이 큰 금속이 반응성이 작은 금속에게 전자를 주는 자발적인 화학 반응(산화 반응)이 일어나는 것이고, 전자는 (-)전하를 띠므로 전자가 이동하는 것은 전류가 흐르는 것이다. 그러나 두 종류의 금속 막대를 연결할 때 전류가 계속 흐를 수는 없다. 반응성이 작은 금속에서 전자를 받아 환원하는 반응이 일어나야 하는데 금속은 전자를 얻는 환원 반응성이 작기 때문이다.

이때 두 금속에 전류를 계속 흐르게 하려면 반응성이 작은 금속 쪽으로 이동한 전자가 계속 소모되도록 해야 하는데, 이는 연결된 두 금속을 전해질에 넣으면 된다. 반응성이 큰 금속은 전자를 내놓고 양이온으로 되는 산화 반응을 일으키고, 이때 전자는 반응성이 작은 금속으로 이동하며, 이동한 전자는 반응성이 작은 금속에 접촉되어 있는 전해질의 양이온과 반응하여 소모되는 화학 반응(환원 반응)을 한다.

이와 같이 반응성의 크기가 다른 두 금속을 전해질 속에 넣고 연결하면 자발적인 산화 · 환원 반응이 일어나 두 금속 사이에 전류가 흐르게 하는 장치를 화학 전지라 한다. 화학 전지는 반응성이 커 전자를 내주는 금속을 (-)극, 전자를 받아들이는 반응성이 작은 금속을 (+)극이라 한다.

이 화학 전지의 두 금속 사이에 흐르는 전류를 이용하여 전구에 불을 켜거나 스피커의 소리를 내는 등 여러 가지 일을 하는 데 사용할 수 있다.

최초로 만들어진 화학 전지는 볼타 전지다. 아연 금속과 구리 금속을 도선으로 연결하면 아연판에서는 전자를 내주는 산화 반응을, 구리판에서는 전자를 소모하는 환원 반응이 일어나는데 구리판이 직접 반응하는 것이 아니라 전해질의 수소 이온이 전자를 얻어 수소 기체로 환원되는 반응이 일어난다.

전류가 흐를수록 아연판은 점점 작아지고, 전해질의 수소 이온 농도도 감소하므로 전지의 반응 물질(소모되는 반응성이 큰 금속과 전해질 성분 등)의 화학 반응이 끝나서 다시 사용할 수 없는 전지를 1차 전지라 하는데, 건전지가 대표적이다. 전지에 전기 에너지를 공급하여 원래의 반응 물질로 재생시켜 다시 사용할 수 있는 전지는 2차 전지라 하는데, 납축전지와 같은 축전지가 대표적이다.

생.
각.
거.
리.

일상에서 사용하는 다양한 전지들

1차 전지 건전지

건전지(乾電池, Dry cell)는 물질의 산화 · 환원 반응으로 화학 에너지를 전기 에너지로 변환시키는 화학 전지로, 일상에서 편리하게 사용하는 소모성, 즉 1차 전지다.

가장 오래된 전지는 (-)극을 아연(Zn) 금속을 쓰고, 전해질은 염화암모늄(NH_4Cl)과 염화아연($ZnCl_2$)을, (+)극은 탄소막대, 분극 현상을 없애는 산화제로 이산화망가니즈(MnO_2)를 사용한 망간 전지다. 망간 전지는 1868년 개발되어 1880년에 상용화된 이후 지금까지 사용되고 있다.

건전지는 전해질을 흡수제에 흡수시켜 흐르지 않도록 고안한 전지로, 구조는 원통 모양 또는 사각기둥 모양이다. (-)극은 아연 금속으로 만든 전해질을 담을 수 있는 용기고, (+)극으로 작용하는 탄소막대를 중앙에 심지처럼 넣고 전해질인 염화암모늄 수용액에 이산화망가니즈와 흑연을 섞어 반죽한 것을 채운 구조다.

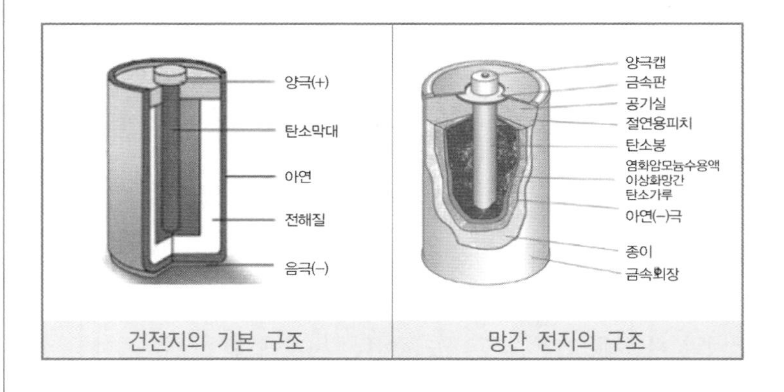

건전지의 기본 구조 | 망간 전지의 구조

건전지 속에서 (-)극으로 작용하는 아연판에서는 아연 금속이 산화되면서 전자가 생성되고, 이 전자는 도선을 따라 탄소막대인 (+)극 쪽으로 이동하여 전해질과 환원 반응하여 전류가 흐르게 된다.

2차 전지 축전지

2차 전지는 전기가 생성되는 정반응과 전기를 공급할 때 역반응이 일어나는 가역반응이 가능한 물질로 만든 전지다. 전기를 발생시켜 소모하여 더 이상 전기가 생기지 않는 상태로 된 전지에 외부에서 전기 에너지를 공급하여 전지 반응의 역반응을 일으켜 원래의 상태로 되돌려 다시 쓸 수 있는 전지다.

대표적인 2차 전지에는 납축전지가 있다. 양(+)극으로 쓰이는 이산화납(PbO_2)판과 음(-)극으로 쓰이는 납(Pb)판이 진한 황산(H_2SO_4)에 잠겨 있는 구조다. 납축전지의 방전(전기를 만들어 사용하게 되는 과정)과 충전(역반응을 일으켜 처음의 전지 상태로 만드는 과정)을 화학 반응식으로 쓰면 다음과 같다.

(완전 충전 상태) $Pb + PbO_2 + 2H_2SO_4 \rightleftarrows 2PbSO_4 + 2H_2O$ (완전 방전 상태)

2차 전지에는 자동차의 배터리로 쓰이는 납축전지, 여러 가지 전기 제품에 사용하는 니켈-카드뮴 전지, 휴대전화부터 전기자동차까지 널리 쓰이는 리튬 이온 전지 등이 있다.

납축전지(자동차 배터리)

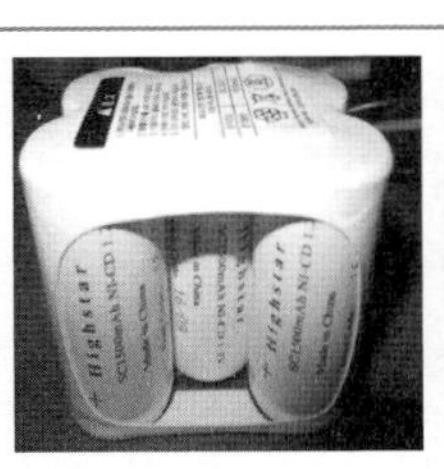

니켈-카드뮴 전지

리튬 이온 전지

확산

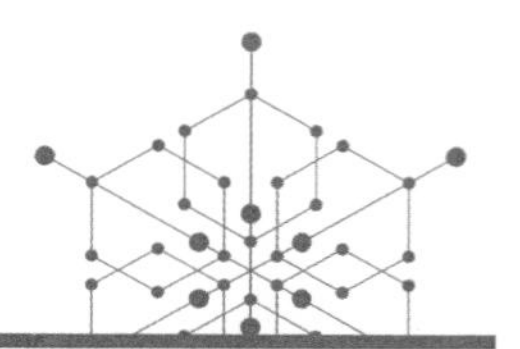

정의 확산(擴散, diffusion)은 어떤 물질 속에 다른 물질이 섞여 들어가 혼합되는 현상이다.

확산 현상은 기체와 기체 사이, 기체와 고체 사이, 액체와 고체 사이, 같은 종류의 기체나 액체에서 밀도 차이가 있을 때 자연적으로 일어나 밀도가 균일해진다.

이러한 확산 현상이 일어나는 이유는 분자가 끊임없이 스스로 운동하기 때문이다.

해설 확산 현상은 분자의 운동에 따른 현상이므로 물질의 확산 속도는 분자의 에너지가 커서 분자의 운동이 자유로울수록 빨라진다. 물질의 상태에 따른 확산 속도는 기체 〉 액체 〉 고체 순이다. 또한 분자가 섞여들어 가는 물질, 즉 분산매(分散媒)의 종류에 따라서도 확산 속도가 달라지는데, 분자의 충돌로 인한 방해가 적을수록 확산 속도가 빨라진다. 진공 상태에서 확산 속도가 가장 빠르고,

기체 〉 액체 상태 순이다.
기체의 확산은 어떤 기체가 스스로 운동하여 다른 기체 속으로 퍼져 나가는 현상이다. 기체의 분출에서와는 달리 확산에서는 분자의 충돌이 있다.
확산 속도는 주위의 온도가 높을수록 빨라지고, 주위의 물질(매질)이 적으면 저항도 적으므로 확산 속도는 빨라진다.
기체의 확산 속도는 기체의 분자량과 온도 조건에 따라 달라진다. 분자량이 적을수록, 온도가 높을수록 확산 속도가 빨라진다. 기체의 확산 속도는 기체의 분출 속도를 설명한 그레이엄의 법칙으로 설명할 수 있다.

분자의 질량과 확산 속도

구멍이 뚫린 용기에 기체를 넣었을 때 벽에 부딪치는 분자 중에 구멍에 부딪치는 분자들이 용기 밖으로 빠져 나오는 현상을 분출이라 한다. 이때 분출 속도는 분자량이 작은 분자일수록 빠르다. 그레이엄은 분출 속도와 기체 분자량과의 정확한 양적 관계를 밝혔는데 기체의 분출 속도는 기체 분자량의 제곱근에 반비례한다. 이는 또한 같은 온도, 같은 압력 조건에서 기체 밀도의 제곱근에 반비례하는 것과 같다. 이를 그레이엄의 법칙이라 한다.

$$\text{그레이엄의 법칙: } \frac{v_2}{v_1} = \sqrt{\frac{M_1}{M_2}} = \sqrt{\frac{d_1}{d_2}}$$

기체의 분출 속도와 확산 속도는 다르지만 두 속도 모두 기체 분자의 평균 속력에 비례하므로 그레이엄의 법칙에 잘 적용된다.
같은 온도와 같은 압력에서 분자들의 평균 운동에너지는 같으므로 분자량이 작을수록 확산 속도가 빨라진다. 즉, 분자 한 개의 질량이 작아 가벼울수록 확산 속도는 그만큼 빨라진다.

✔ 온도와 확산 속도

온도가 높아지면 분자의 운동에너지가 커져 분자 운동이 활발해지므로 확산 속도가 빨라진다. $E=\frac{1}{2}mv^2=\frac{3}{2}k\mathrm{T}$ 이므로 기체의 속도(v)는 절대온도의 제곱근에 비례한다.

$$v \propto \sqrt{\mathrm{T}},\ \frac{v_2}{v_1}=\sqrt{\frac{\mathrm{M}_1}{\mathrm{M}_2}}=\sqrt{\frac{\mathrm{d}_1}{\mathrm{d}_2}}=\sqrt{\frac{\mathrm{T}_2}{\mathrm{T}_1}}$$

T: 절대온도
M: 기체의 분자량
d: 기체의 밀도

생.각.거.리.

액체 상태에서의 확산

물에 물감을 한 방울 떨어뜨리면 섞어주지 않아도 시간이 지나면 물 전체에 고루 퍼진다. 또는 물에 설탕을 넣으면 저어주지 않아도 시간이 지나면 설탕 분자가 물 분자 사이에 고루 퍼져 섞인다. 이는 물감 분자나 설탕 분자가 스스로 물 분자 사이로 퍼져 나가기 때문에 일어나는 현상으로, 액체 상태에서의 확산 현상이다.

자료 출처 및 참고문헌

34쪽 그림: http://terms.naver.com/entry.nhn?docId=945165&cid=3438&categoryId=34

63쪽 사진(왼쪽): http://blog.naver.com/nsm2010/150124952519

63쪽 사진(오른쪽): http://news.naver.com/main/read.nhn?mode=LSD&mid=sec&sid1=113&oid=041&aid =0000058306

77쪽 사진(다이아몬드와 흑연): http://en.wikipedia.org/wiki/Carbon

77쪽 그림(탄소의 다양한 동소체): http://www.chemidream.com/933

78쪽 그림: http://blog.shinhandia.co.kr/888

79쪽 사진: http://blog.hyosung.com/1375

80쪽 사진(다이아몬드): http://blog.shinhandia.co.kr/888

82쪽 그림(위): http://hcc.hanwha.co.kr)

114쪽 그림(참고): http://incheonport.tistory.com/2049

126쪽 그림(오비탈 모형): http://chemwiki.ucdavis.edu/Physical_Chemistry/Quantum_Mechanics/09._The_Hydrogen_Atom/Atomic_Theory/Electrons_in_Atoms/Electronic_Orbital

136쪽 그림: http://www.compoundchem.com/2016/06/09/element-names/

145쪽 그림: http://terms.naver.com/entry.nhn?docId=958011&cid=47309&categoryId=47309

156쪽 사진(맨 위, 톰슨): http://blog.naver.com/rosemaker/80143880643

156쪽 사진(맨 위, 크룩스관): http://news.naver.com/main/read.nhn?mode=LSD&mid=sec&sid1= 105&oid= 092&aid=0001954980

156쪽 사진(❶의 사진): http://navercast.naver.com/contents.nhn?rid=20&contents_id=5866

156쪽 그림(❷의 그림): http://blog.naver.com/skh8464/220937385048

163쪽 사진: http://www.s-d.kr/news/articleView.html?idxno=1449

165쪽 그림(위, 참조): https://www.google.co.kr/search?q=코크스+제조&rlz

165쪽 그림(아래, 참조): https://www.google.co.kr/search?q=철의+제련

171쪽 사진(탄소 나노튜브): http://blog.naver.com/msnayana/80142756012

172쪽 그림: http://blog.naver.com/msnayana/80142756012

178쪽 그림: http://www.chemidream.com/933

200쪽 그림(혼성 오비탈): http://blog.naver.com/jintaeky/220361185655

201쪽 그림(수소 원자의 오비탈 모형): http://blog.naver.com/jintaeky/220361185655

허정림 지음, 왕연중 감수, 『재미있는 발명 이야기』, 가나출판사, 2013.

왕연중, 『발명상식사전』, 박문각, 2011.

추천사

정보 탐색의 아쉬움을 해결해주는 친절함

이종호
(한국과학저술인협회 회장)

한국인이 책을 너무 읽지 않는다는 것은 꽤 오래된 진단이지만 근래 들어 부쩍 더 심해진성습니다. 전철이나 버스에서 스마트폰으로 다들 카톡이나 게임을 하지 책을 읽는 사람은 거의 없습니다. 과학 분야 책은 말할 것도 없겠지요. 과학 분야의 골치 아픈 개념들을 굳이 책을 보고 이해할 필요가 뭐란 말인가, 필요할 때 인터넷에 단어만 입력하면 웬만한 자료는 간단히 얻을 수 있는데……다들 이런 생각입니다. 그러니 내로라하는 대형 서점들의 판매대도 갈수록 졸아들어 겨우 명맥만 유지하고 있는 것이겠지요.

이런 현실에서 과목명만 들어도 골치 아파 할 기술발명, 물리, 생명과학, 수학, 지구과학, 정보, 화학 등 과학 분야만 아울러 7권의 '친절한 과학사전' 편찬을 기획하고서 저술위원회 참여를 의뢰해왔을 때 다소 충격을 받았습니다. 이런 시도들이 무수히 실패로 끝나고 만 시장 상황에서 첩첩한 현실적 어려움을 어찌 이겨 내려는가, 하는 염려가 앞섰습니다.

그러나 그간의 실패는 독자의 눈높이에 제대로 맞추지 못한 탓도 다분한 것이어서 '친절한 과학사전'은 바로 그 점에서 그간의 아쉬움을 말끔히 씻어줄 것으로 기대됩니다. 또 우리 학생들이 인터넷에서 필요한 정보를 검색했을 때 질적으로 부실한 자료에 대한 실망감을 '친절한 과학사전'이 채워줄 것으로 믿습니다. 오랜 가뭄 끝의 단비 같은 사전이 출간된 기쁨을 독자 여러분과 함께 나눌 수 있기를 바랍니다.

추천사

제4차 산업혁명의 동반자 탄생

왕연중
(한국발명문화교육연구소 소장)

오랜만에 과학 및 발명의 길을 함께 갈 동반자를 만난 기분이었습니다. 생활을 함께할 동반자로도 손색이 없을 것 같았지요. 생활이 곧 과학이기 때문입니다.

40여 년을 과학 및 발명과 함께 살아온 저는 숱한 과학용어를 접했습니다. 특히 글을 쓰고 교육을 할 때는 좀 더 정확한 용어의 선택과 누구나 쉽게 이해할 수 있는 해설이 필요했습니다. 그때마다 자료가 부족하여 무척 힘들었지요. 문과 출신으로 이과 계통에서 일하다보니 더 힘들었고, 지금도 마찬가지입니다.

바로 이때 '친절한 과학사전' 편찬에 참여하여 감수까지 맡게 되었습니다. 원고를 읽는 순간 저자이기도 한 선생님들이 교육현장에서 학생들에게 과학을 가르치는 생생한 육성을 듣는 기분이었습니다. 신선한 충격이었지요.

40여 년을 과학 및 발명과 함께 살아왔지만 솔직히 기술발명을 제외한 다른 분야는 비전문가입니다. 따라서 그동안 느꼈던 과학 용어에 대한 갈증을 해소시켜주는 청량음료를 만난 기분이었습니다.

그동안 어렵게만 느껴졌던 과학용어가 일상용어처럼 느껴지는 계기를 마련할 것으로 믿으며, '제4차 산업혁명의 동반자 탄생'으로 결론을 맺습니다.

'친절한 과학사전'이 누구보다 선생님들과 학생들이 과학과 절친한 친구가 되는 역할을 하기를 기대합니다.

추천사

누구나 쉽게 과학을 이해하는 길잡이

강충인
(한국STEAM교육협회장)

일반적으로 과학이라고 하면 복잡하고 어려운 전문 분야라는 인식을 가지고 있습니다. 그러나 '친절한 과학사전'은 과학을 쉽게 이해하도록 만든 생활과학 이야기라고 할 수 있습니다. 과학은 생활 전반에 응용되어 편리하고 다양한 기능을 가진 가전제품을 비롯한 생활환경을 꾸며주고 있습니다.

지구가 어떻게 생겨나 어떻게 변화해오고 있는지를 다룬 것이 지구과학이고, 인간의 건강과 생명은 어떻게 구성되어 있고 관리해야 하는가는 생명과학에서 다루고 있습니다.

수학은 생활 속의 집 구조를 비롯하여 모든 형태나 구성요소를 풀어가는 방법입니다. 과학적으로 관찰하고 수학적으로 분석하여 새로운 것을 만들거나 기존의 불편함을 해결하는 발명으로 생활은 갈수록 편리해지고 있습니다.

수많은 물질의 변화를 찾아내는 화학은 물질의 성질에 따라 문제를 해결하는 방법입니다. 물리는 자연의 물리적 성질과 현상, 구조 등을 연구하고 물질들 사이의 관계와 법칙을 밝히는 분야로 인류의 미래를 위한 분야입니다. 4차 산업혁명시대에 정보는 경쟁력입니다. 교육은 생활 전반에 필요한 지식과 정보를 습득하는 필수 과정입니다.

'친절한 과학사전'은 학생들이 과학 지식과 정보를 쉽고 재미있게 배우는 정보 마당입니다. 누구나 쉽게 과학을 이해하는 길잡이이기도 합니다.

친절한 과학사전 - 화학

초판 1쇄 2017년 9월 28일 펴냄
초판 2쇄 2019년 2월 28일 펴냄

지은이 | 이종단
펴낸이 | 이태준
기획 · 편집 | 박상문, 김소현, 박효주, 김환표
디자인 | 최원영
관리 | 최수향
인쇄 · 제본 | 제일프린테크

펴낸곳 | 북카라반
출판등록 | 제17-332호 2002년 10월 18일
주소 | (04037) 서울시 마포구 양화로7길 4(서교동) 삼양 E&R빌딩 2층
전화 | 02-486-0385
팩스 | 02-474-1413
www.inmul.co.kr | cntbooks@gmail.com

ISBN 979-11-6005-037-0 04400
979-11-6005-035-6 (세트)

값 10,000원

북카라반은 도서출판 문화유람의 브랜드입니다.

이 도서의 국립중앙도서관 출판시도서목록(CIP)은 서지정보유통지원시스템 홈페이지(http://seoji.nl.go.kr)와 국가자료공동목록시스템(http://www.nl.go.kr/kolisnet)에서 이용하실 수 있습니다. (CIP제어번호 : CIP 2017023938)